本酒テイスティング

ブ酒の逆襲編

北原康行

日経プレミアシリーズ

プロローグ

風味の違いをイメージする方法はないの？

酒屋の店頭に並んだ何十種類ものボトル。居酒屋の壁一面を埋め尽くした、全国の銘酒のメニュー……。平板な情報が同時に押し寄せてきて、「いったい何がどう違うんだろう？」と途方に暮れた経験はありませんか？

「ザックリとでいいから、風味の違いがイメージできる方法を知りたい！」

そんなニーズにお応えしたのが、前作『日本酒テイスティング』でした。ラベルの情報から風味を予想する方法を解説した本です。

日本酒の入門書は山のように出ていますが、風味の違いを解説することに特化した本は、類書がないといっていいほど珍しいので、読者からはご好評をいただきました。「酒屋で1

本を選ぶときに役立った」と。

5年前の出版時、「日本酒テイスティング」という言葉を使っている人は、ほとんど見かけませんでした。いまやネットで検索すれば、かなりポピュラーな言葉になっているようです。これは嬉しい変化です。

一方、少し残念なのは、風味の違いを解説する本が増えるきっかけになればと思っていたのに、ちっとも出てこないこと。日本酒の入門書といったら、相変わらず製造法や歴史、ラベルの読み方や料理との相性などを満遍なく紹介し、最後に銘酒リストをつけるようなものが大半です。

コロナ禍で家飲みが増え、日本酒の4合瓶の出荷が増えています。消費者が「これって、どんな風味なのかな?」と悩むシーンは、5年前よりさらに増えている。にもかかわらず、そのときに役立つ情報は少ないままなのです。入門書ではよりマイナーな銘柄が紹介されるようになっているものの、隣の銘柄と風味がどう違うのかがイメージできなければ、1本を選ぶときの参考にならない。

前作でも書きましたが、日本酒の世界で、お酒の香りや味わいを言葉で表現するようになったのは、つい最近のこと。ワインと比べたら、厚みに圧倒的な差がある。風味の違いを語るのは、ソムリエ出身の人間でもなければ難しいのかもしれません。

そんなわけで私自身が第2弾を出すことになりました。酒屋で見かけて「どんな風味なのかな?」と気になっている銘柄があれば、テイスティングコメントを読むだけでも参考になると思います。

カップ酒だけでテイスティングが可能

このシリーズは、一緒に飲みながら風味の違いを実感できる作りになっています。本で紹介していないお酒の風味まで予想できるようになるためには、まずは「違いを知る」ことが欠かせないからです。どういう部分に注目して、その違いを言葉でどう表現すればいいか、ザックリとでも理解しておく必要がある。

ワインではそうした参考書がたくさんありますが、これまで日本酒にはそういう本がありませんでした。

とはいえ、前作では反省もあるのです。飲み比べをやるとき、4号瓶では量も多いし、費用もかかる点です。同時にテイスティングしないと風味の違いはなかなか実感しにくいのですが、4本もまとめて買う人は少ないでしょう。実際に試された方も、2本ずつの飲み比べを何回かに分けてやった感じではないでしょうか。

ただ、ここで読者のみなさんに朗報があります。実は、この5年でカップ酒の種類がものすごく増えたのです。

カップ酒は1合（180cc）くらいの量。たいていは300円台で買えます。4号瓶を2本買うお金で、なんと8本もの飲み比べができる。まるで日本酒テイスティングのために生まれてきたような商品です。

カップ酒と聞いて、「ああ、おじさんがローカル線のなかで飲んでいるやつでしょ」と思った方は、感覚が古い。日本酒に相当こだわりのある居酒屋でなければ見かけないような通好みの銘酒まで、いまやカップ酒で味わえるようになった。

私も今回、「ここまで本格的なテイスティングがカップ酒だけで可能なのか！」と腰を抜かしました。日本全国、さまざまなタイプのお酒がそろえられたのです。

そこで第1章で「基本の法則」を解説したあと、第2章・第3章ではカップ酒だけを使ったテイスティングをやってみたいと思います。前作では本を読むだけで、実際のテイスティングを断念した方も、これならできるはず。いわば「カップ酒の逆襲」編です。ぜひとも一緒に飲みながら、風味の違いを実感していただきたい。

内容はいたってシンプルです。「エリア（どこで造られたお酒か）」と「タイプ（どんな種類のお酒か）」だけを見よ——。たったふたつの情報に注目することで、日本酒の世界をザックリと理解できるようになります。

酒米や水、酵母などは風味に大きな影響を与えますが、日本酒選びの役には立ちません。入門書では必ず詳しく解説されている日本酒度や酸度も、参考にならない（前作で詳しく説明しましたので、理由の知りたい方はそちらをお読みください）。

いずれにせよ、このシリーズで注目するのはエリアとタイプだけです。そこへ「エレガントかパワフルか」という視点をもちこむことで、驚くほど日本酒の世界がクリアに見えてくるようになります。

不当におとしめられているお酒の復権を

最初の3章で基本を理解してもらったうえで、第4章以降は一歩だけ先へ進みたい。テーマ別に踏み込んだ解説をしていきます（細かいテーマ別となると、さすがにカップ酒でそろえるのは無理なので、4合瓶でのテイスティングとなります）。

取り上げたいテーマは四つありますが、最初のふたつは、いまの日本酒業界のトレンドに関係したものです。

第4章では、日本酒業界がいま特に力を入れているスパークリング日本酒を取り上げます。泡が立っているときも、泡が消えても楽しめるスパークリング日本酒には、シャンパーニュとはまた違った魅力があります。いわば「一粒で二度おいしい」お酒なのです。日本酒の新たな世界をひらくものとして、私も注目しています。

第5章では、生酛（きもと）・山廃（やまはい）を取り上げます。「YK35（山田錦、きょうかい9号酵母、精米歩合35%）」なんて言葉があったように、お米をとことん磨いて、フルーツのような吟醸香を全面展開させるお酒がもてはやされた時代がありました。もちろん魅力的なお酒なのですが、日本中の酒蔵が同じような酒質を目指した点には問題があった。

その反動として、いま原点回帰の動きが生まれています。特に若い杜氏たちのあいだで伝統的な製法が見直されているのです。ほとんどお米を磨かずに造るとか、買ってきた酵母ではなく、蔵にすみついている酵母で造るチャレンジもある。生酛・山廃が見直されているのも、こうした流れのひとつなのです。華やかな吟醸香はないものの、なんともいえない味わい深さをお伝えしたいと思います。

残りの2テーマは、私がぜひとも見直してほしいと願っているジャンルです。いまは必ずしも順風が吹いている状況ではないものの、そのおいしさを知れば、誰もがファンになると確信しています。ぜひともファンになってほしい。

第6章で取り上げるのは、醸造アルコールを添加したお酒、いわゆる「アル添酒」です。日本酒ファンには純米信仰の強い方が多く、「アル添酒なんて日本酒じゃない」という声を聞くことも多いのですが、アル添酒にはアル添酒のおいしさがある。特に食中酒としてのオールマイティさでは、これに並ぶものがありません。

不当におとしめられているアル添酒の復権を願って、その魅力を解説します。アル添酒を全力で応援しているソムリエは、おそらく日本に私ぐらいでしょうから、本書でしか読めないコンテンツだと思います。

第7章では熟成酒を取り上げます。ディープな日本酒ファンでも、このジャンルに強い人はそうそういないと思います。酒屋でもそんなに見かけるものではない。でも、その楽しみ方をまだ知らないだけで、非常に可能性のあるジャンルなのです。

アル添酒が究極の「主張しないお酒」だとしたら、熟成酒は究極の「主張しまくるお酒」。性格が正反対なので、続けてテイスティングすることで「日本酒の世界ってこんなに豊かだったんだあ」と実感できるはずです。

なお、この本の目的は、実際に飲んで、風味の違いを実感すること。そういう意味で前作同様、比較的、入手しやすい銘柄ばかり選んでいます。値段も4合瓶で2000円未満のものに限定しました。いわゆる「幻の銘柄」を掘り起こす本ではありませんので、その点は誤解のないようにお願いします。

この本でテイスティングするのは29本。前作と合わせたら55本になります。そこまで検証数を増やせば、何がしかの傾向は見えてくるはず。本当に「エリアとタイプを見るだけでいい」のか？　本当に「エレガントかパワフルか」だけで分類できるのか？　ぜひ一緒に飲みながら実感していただければと思います。

2021年8月　北原康行

⑯紀土　純米大吟醸スパークリング【*Dエリア、純米大吟醸タイプ*】
アルコール度数14度。精米歩合50%。使用米:山田錦。平和酒造(和歌山県海南市溝ノ口119)

⑰獺祭　純米大吟醸スパークリング45【*Eエリア、純米大吟醸タイプ*】
アルコール度数14度。精米歩合45%。使用米:山田錦。旭酒造(山口県岩国市周東町獺越2167-4)

⑱仙禽　オーガニックナチュール2020【*Cエリア、(純米酒タイプ)*】
アルコール度数14度。精米歩合90%。使用米:亀ノ尾。せんきん(栃木県さくら市馬場106)

⑲七本鎗　生もと　木桶仕込　生原酒【*Dエリア、純米酒タイプ*】
アルコール度数16度。精米歩合60%。使用米:玉栄。冨田酒造(滋賀県長浜市木之本町木之本1107)

⑳飛良泉　飛囀 鵠(ひてん　はくちょう) TypeA【*Aエリア、純米吟醸タイプ*】
アルコール度数14度。精米歩合:麹米50%、掛米60%。使用米:秋田酒こまち。使用酵母:きょうかい77号。日本酒度−22。酸度5･2。飛良泉本舗(秋田県にかほ市平沢中町59)

㉑秋鹿　山廃　純米　無濾過原酒【*Dエリア、純米酒タイプ*】
アルコール度数18度。精米歩合70%。使用米:山田錦。使用酵母:きょうかい7号。日本酒度+10。酸度2･7。アミノ酸度1･9。秋鹿酒造(大阪府豊能郡能勢町倉垣1007)

㉒喜久泉　吟冠　吟醸酒【*Aエリア、吟醸タイプ*】
アルコール度数16度。精米歩合55%。西田酒造店(青森県青森市大字油川字大浜46)

㉓喜久酔　特別本醸造【*Cエリア、特別本醸造タイプ*】
アルコール度数15度以上16度未満。精米歩合60%。青島酒造(静岡県藤枝市上青島246)

㉔美丈夫　吟醸　麗【*Eエリア、吟醸タイプ*】
アルコール度数15度。精米歩合55%。濱川商店(高知県安芸郡田野町2150)

㉕庭のうぐいす　おうから【*Fエリア、本醸造タイプ*】
アルコール度数15度。精米歩合68%。山口酒造場(福岡県久留米市北野町今山534-1)

㉖良寛　純米吟醸酒【*Bエリア、純米吟醸タイプ*】
アルコール度数15度。精米歩合50%。苗場酒造(新潟県中魚沼郡津南町下船渡戊555)

㉗木戸泉　特別純米　DEEP GREEN　2016　無濾過原酒【*Cエリア、特別純米酒タイプ*】
アルコール度数16度。精米歩合60%。使用米:山田錦。木戸泉酒造(千葉県いすみ市大原7635-1)

㉘長良川　生酛仕込み　無濾過生原酒【*Dエリア、純米酒タイプ*】
アルコール度数18度以上19度未満。精米歩合60%。使用米:飛騨ホマレ。小町酒造(岐阜県各務原市蘇原伊吹町2-15)

㉙龍勢　生酛　備前雄町【*Eエリア、特別純米酒タイプ*】
アルコール度数16度。精米歩合65%。使用米:雄町。藤井酒造(広島県竹原市本町3-4-14)

この本でテイスティングする銘柄一覧

*ラベルに記載されたデータのみ

①**上喜元　純米吟醸**【*Aエリア、純米吟醸タイプ*】
アルコール度数16度。精米歩合50%。酒田酒造(山形県酒田市日吉町2-3-25)

②**南部美人　特別純米**【*Aエリア、特別純米酒タイプ*】
アルコール度数15度以上16度未満。精米歩合55%。南部美人(岩手県二戸市福岡上町13)

③**黒部峡　純米吟醸**【*Bエリア、純米吟醸タイプ*】
アルコール度数15度。精米歩合55%。林酒造場(富山県下新川郡朝日町境1608)

④**加賀鳶　極寒純米　辛口**【*Bエリア、純米吟醸タイプ*】
アルコール度数16度。精米歩合65%。福光屋(石川県金沢市石引2-8-3)

⑤**来福　純米吟醸**【*Cエリア、純米吟醸タイプ*】
アルコール度数15度以上16度未満。精米歩合50%。使用米:愛山。来福酒造(茨城県筑西市村田1626)

⑥**泉橋　純米　とんぼの夕焼けカップ**【*Cエリア、純米酒タイプ*】
アルコール度数15度。精米歩合70%。泉橋酒造(神奈川県海老名市下今泉5-5-1)

⑦**篠峯　純米吟醸　山カップ紅**【*Dエリア、純米吟醸タイプ*】
アルコール度数15度。精米歩合60%。千代酒造(奈良県御所市大字櫛羅621)

⑧**ワンカップ大関　上撰**【*Dエリア、(普通酒)*】
アルコール度数15度以上16度未満。大関(兵庫県西宮市今津出在家町4-9)

⑨**ワンカップ大関　純米　生貯蔵**【*Dエリア、純米酒タイプ*】
アルコール度数15度以上16度未満。精米歩合73%。大関(兵庫県西宮市今津出在家町4-9)

⑩**石鎚　純米吟醸**【*Eエリア、純米吟醸タイプ*】
アルコール度数16度。精米歩合:山田錦(麹米)50%、松山三井(掛米)60%。石鎚酒造(愛媛県西条市氷見丙402-3)

⑪**貴　特別純米**【*Eエリア、特別純米酒タイプ*】
アルコール度数15度。精米歩合60%。永山本家酒造場(山口県宇部市大字車地138)

⑫**天吹　純米吟醸　ひまわり酵母**【*Fエリア、純米吟醸タイプ*】
アルコール度数16度。精米歩合55%。天吹酒造(佐賀県三養基郡みやき町東尾2894)

⑬**鷹来屋　特別純米酒　手造り槽しぼり**【*Fエリア、特別純米酒タイプ*】
アルコール度数15度。精米歩合55%。浜嶋酒造(大分県豊後大野市緒方町下自在381)

⑭**ゆきの美人　純米吟醸　活性にごり**【*Aエリア、純米吟醸タイプ*】
アルコール度数14・5度。精米歩合55%。秋田醸造(秋田県秋田市楢山登町5-2)

⑮**水芭蕉　純米吟醸　辛口スパークリング**【*Cエリア、純米吟醸タイプ*】
アルコール度数15度。精米歩合60%。日本酒度+8。永井酒造(群馬県利根郡川場村門前713)

目次

第2章

第3章

第4章

スパークリング日本酒

第5章

生酛（きもと）・山廃

第6章

アル添酒

第7章　熟成酒

第　1　章

エリアとタイプだけを見よ

雑味をポジティブにとらえる

「日本酒テイスティングって、これまでの唎き酒と何が違うんですか？」

そう聞かれることがあります。私のイメージでは、減点方式で考えるか、加点方式で考えるかの違いのような気がします。

私も日本酒の品評会の審査員をかなり務めてきたのですが、マイナスポイントをカウントしていくものが多い印象があります。香りのバランスや酸度、苦味、甘味といった項目があって、それぞれ「この部分に難があるから、20点満点の10点にしよう」と採点していくのです。減点方式の発想ですね。

それに対して、ソムリエがワインを語るときは、いい面を拾ってあげようとする。加点方式でコメントするのです。世界唎酒師コンクールでグランプリをいただいたとき「ワインみたいに日本酒を表現するやつだ」と苦笑されましたが、日本酒業界の人と、ソムリエ出身の私の違いは、そういう部分にあるのかもしれません。

例えば、私は雑味というものを、非常にポジティブにとらえています。日本酒業界は一時期、こぞって「水のようにピュアなお酒」に向かった時期があったので、雑味という言葉がネガティブにとらえられがちです。「このお酒には雑味がある」と評価されることを、極端に嫌がる造り手もいます。

でも、雑味というのは、風味の複雑さに直結します。いわば、そのお酒の個性なのです。ワインの世界だって、もっとも高級なものは、雑味が多い銘柄です。複雑味に欠けるワインに高いお金を支払う人はいません。

もちろん、ピュアなお酒にはピュアなお酒の魅力があります。でも、そればっかりではつまらない。日本酒の世界はもっと豊かなのです。日本列島は気候や食文化が多様であるおかげで、各地にさまざまな酒質の日本酒が生まれた。そのことに感謝して、複雑味を楽しむ感覚を身につけてほしい。

日本酒を評価する物差しは、決してひとつではありません。「水のようにピュアなお酒しか認められない」「フルーツのような香りがするお酒しか認められない」「アル添酒は日本酒と呼べない」「最上級のお酒は純米大吟醸だ」……そういった思い込みが、この本を読み終わる頃には消え去っていることを願います。

エレガントかパワフルか

本書を通して「エレガントかパワフルか」という視点で風味を判断していきますが、これはまさに雑味の有無に注目したキーワードです。

この視点はワインの世界から借りてきたものですが、日本酒でも十分、通用する。前作をお読みになった方は、お酒だけでなく酒米までも「エレガントかパワフルか」で語れることに驚かれたのではないでしょうか。

エレガントスタイルというのは、雑味がなくてピュアなお酒。「きれいなお酒」と表現してもいいでしょう。たとえ香りが高かったとしても、いろんな香りはしてきません。香りについても味わいについても複雑さはなく、非常にシンプルなお酒です。

日本酒の世界で使われる「淡麗」という言葉との違いは、エレガントは必ずしも味が淡いことを意味しない点。場合によっては味が濃い場合もあるでしょう。味の濃淡ではなく、雑味の有無に注目したキーワードなのです。

一方、パワフルスタイルというのは、雑味が多いぶん複雑で、いろんな香りや味わいが感じられるお酒。旨味やコクにボリューム感があります。ワイン用語でいうなら「ボディがしっかりしている」。重厚で力強い風味のお酒です。

エレガントスタイルでは、フルーツのような香り（吟醸香といいます）がバクハツしていることも多いのですが、パワフルスタイルでは吟醸香よりも、原料であるお米の香りがしっかりと感じられます。

これは絶対評価ではなく相対評価なので、まったく同じお酒であっても、ある銘柄と比べたときはエレガントに、ある銘柄と比べたときはパワフルに感じられるでしょう。でも、この視点をもちこむことで、驚くほど日本酒の世界がクリアに見えてきます。

東日本エリアはエレガント、西日本エリアはパワフル

テイスティングに入る前に、基本の法則を説明しておきましょう。そのお酒の風味を予想したいときには、「エリアとタイプだけを見よ」でしたね。

では、エリアのほうから――。

日本酒は低温でゆっくり発酵させるほうが、雑味は少なく仕上がります。つまり、冷涼な土地で造るほうがピュアなお酒になる。逆に、温暖な土地で造るほうが雑味が多く、複雑な風味に仕上げることができる。

日本列島をふたつに区切った場合、東日本エリアはエレガントな酒質、西日本エリアはパワフルな酒質といっていいでしょう。

もちろん、現代の酒造りの現場では、空調システムが導入されていたりするので、かつてほど極端な地域差は出にくくなっています。それでも、違いはどこかに出てくる。ザックリ考えるのであれば、以下のようにいうことができます。

◎東日本エリアのほうが香りは高く、味わいは淡い（エレガント）
◎西日本エリアのほうが香りは低く、味わいは濃い（パワフル）

なお、私は東日本エリアをさらにA～Cの3エリア、西日本エリアをさらにD～Fの3エリアに分けて考えています（地図を参照）。

ここで注意すべきは、もっともエレガントなのが最北に位置するAエリアではなく、Bエ

【東日本エリア】

Aエリア：北海道、青森県、岩手県、宮城県、秋田県、山形県、福島県
Bエリア：新潟県、富山県、石川県、福井県
Cエリア：群馬県、栃木県、茨城県、千葉県、埼玉県、東京都、神奈川県、山梨県、長野県、静岡県

【西日本エリア】

Dエリア：愛知県、岐阜県、三重県、滋賀県、奈良県、京都府、大阪府、兵庫県、和歌山県
Eエリア：鳥取県、島根県、岡山県、広島県、山口県、香川県、徳島県、愛媛県、高知県
Fエリア：大分県、福岡県、佐賀県、長崎県、宮崎県、熊本県、鹿児島県、沖縄県

リアであること。ここからAエリアをグルッと回って、あとは南に行けば行くほどパワフルになっていくイメージです。

もちろん、常識的に考えて、県境を越えたら酒質が急に変わるなんてことはありえません。当然ながら例外はあります。でも、ザックリした傾向でいうなら、なだらかなグラデーションを描いて、南に進むほどパワフルになっていくと考えていいでしょう。

吟醸系グループはエレガント、非吟醸系グループはパワフル

次にタイプです――。

日本酒は大きくふたつに分けられます。一定の基準を満たした場合に名乗ることができる「特定名称酒」と、それ以外の「普通酒」です。

市場に流通しているお酒の6割ぐらいは普通酒です。スーパーで見かける紙パック入りの日本酒はだいたい普通酒。でも、読者のみなさんが酒屋で悩むとしたら、本格的な特定名称酒しか考えられないので、この本でも特定名称酒だけを扱っています（普通酒で取り上げたのはワンカップ大関の1本だけ）。

	醸造アルコールを添加しない **純米系グループ**	醸造アルコールを添加した **本醸造系グループ**
吟醸系グループ お米をたくさん磨いた エレガントスタイル	**純米大吟醸** （精米歩合 50%以下） **純米吟醸** （精米歩合 60%以下）	**大吟醸** （精米歩合 50%以下） **吟醸** （精米歩合 60%以下）
非吟醸系グループ お米をあまり磨かない パワフルスタイル	**特別純米酒** （精米歩合 60%以下 または特別な製法） **純米酒** （精米歩合の規定なし）	**特別本醸造** （精米歩合 60%以下 または特別な製法） **本醸造** （精米歩合 70%以下）

特定名称酒は8タイプあります。純米大吟醸、純米吟醸、特別純米酒、純米酒、大吟醸、吟醸、特別本醸造、本醸造です。

精米歩合（お米をどれだけ磨いたか）と、醸造アルコール添加の有無を組み合わせて、8種類のタイプに分けたということです。

上の図を見てください。一般的には縦に線を引いて、醸造アルコールを添加しない「純米系グループ」と、醸造アルコールを添加した「本醸造系グループ」に二分します。でも、私は横に線を引いて、お米をたくさん磨いた「吟醸系グループ」と、お米をあまり磨かない「非吟醸系グループ」に二分している。

なぜ横に線を引くかというと、雑味の有無

に注目しているからです。雑味の正体はタンパク質や脂質ですが、これらはお米の表面に近い部分に偏って分布しています。つまり、お米をたくさん磨けば磨くほど、雑味のもとは削り取られ、純粋なデンプンになっていく。吟醸系グループのほうがピュアに仕上がるわけです。

逆にいえば、非吟醸系グループのほうが、お米本来の風味が味わえる。旨味の正体はタンパク質が分解されたアミノ酸ですから、お米をあまり磨かずタンパク質を残したほうが、旨味は強くなるわけです。風味が複雑で、リッチな酒質になる。

私たちがふだん食べているご飯は、玄米の表面の10％ほどを磨いており、それを精米歩合90％と表現します。純米大吟醸や大吟醸の精米歩合は50％以下ですから、なんとお米を半分以下まで磨いている。本当にデンプンしか残っていないわけですから、ピュアに仕上がるのも当然です。

最近はあえて特定名称を名乗らない酒蔵も増えていますが、精米歩合だけは必ず明記するルールになっています。どれだけお米を磨いたかさえわかれば、どの程度の複雑味なのか想像がつきます。

タイプについては、こういうことができるでしょう。

◎お米をたくさん磨いた吟醸系グループのほうが香りは高く、味わいは淡い（エレガント）
◎お米をあまり磨かない非吟醸系グループのほうが香りは低く、味わいは濃い（パワフル）

あとは、エリアとタイプを組み合わせて考えていけばいいわけです。

例えばＢエリアは東日本エリアのなかでも、もっともエレガントな酒質です。そこで造られた吟醸系グループを選べば、エレガント×エレガントで、もっとも香りが高く、味わいの淡いお酒を飲むことができる。逆にＦエリアの非吟醸系グループを選べば、パワフル×パワフルで、もっとも香りが低く、味わいの濃いお酒を飲むことができます。

薫酒、爽酒、爽薫酒、醇酒、熟酒

次章からテイスティングに入りますが、前回同様、日本酒サービス研究会・酒匠研究会連合会（ＳＳＩ）が考案した座標軸にプロットしていくことにしましょう。

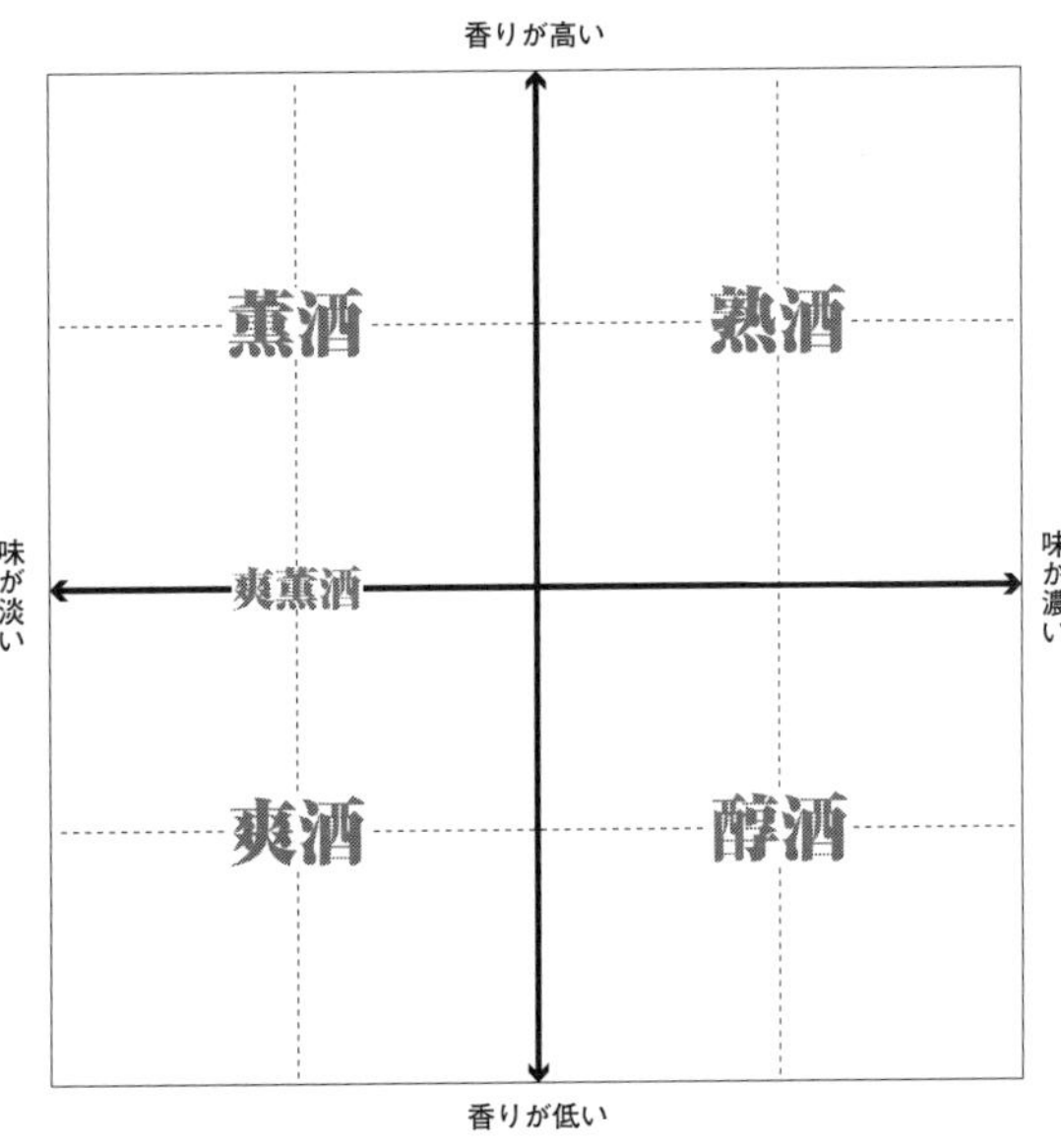

縦軸は香りが高いか低いか、横軸は味わいが濃いか淡いかを表しています。何をもって「香りが高い、低い」「味が濃い、淡い」と評価するかは、人によって微妙に違います。だから、絶対的な評価ではないのですが、同じ人間が最初から最後まで通してやるぶんには整合性がとれる。そこで、私の基準を説明しておきます。

香りが高いというのは、香りが強いこととイコールではありません。お米の香りが強いもの

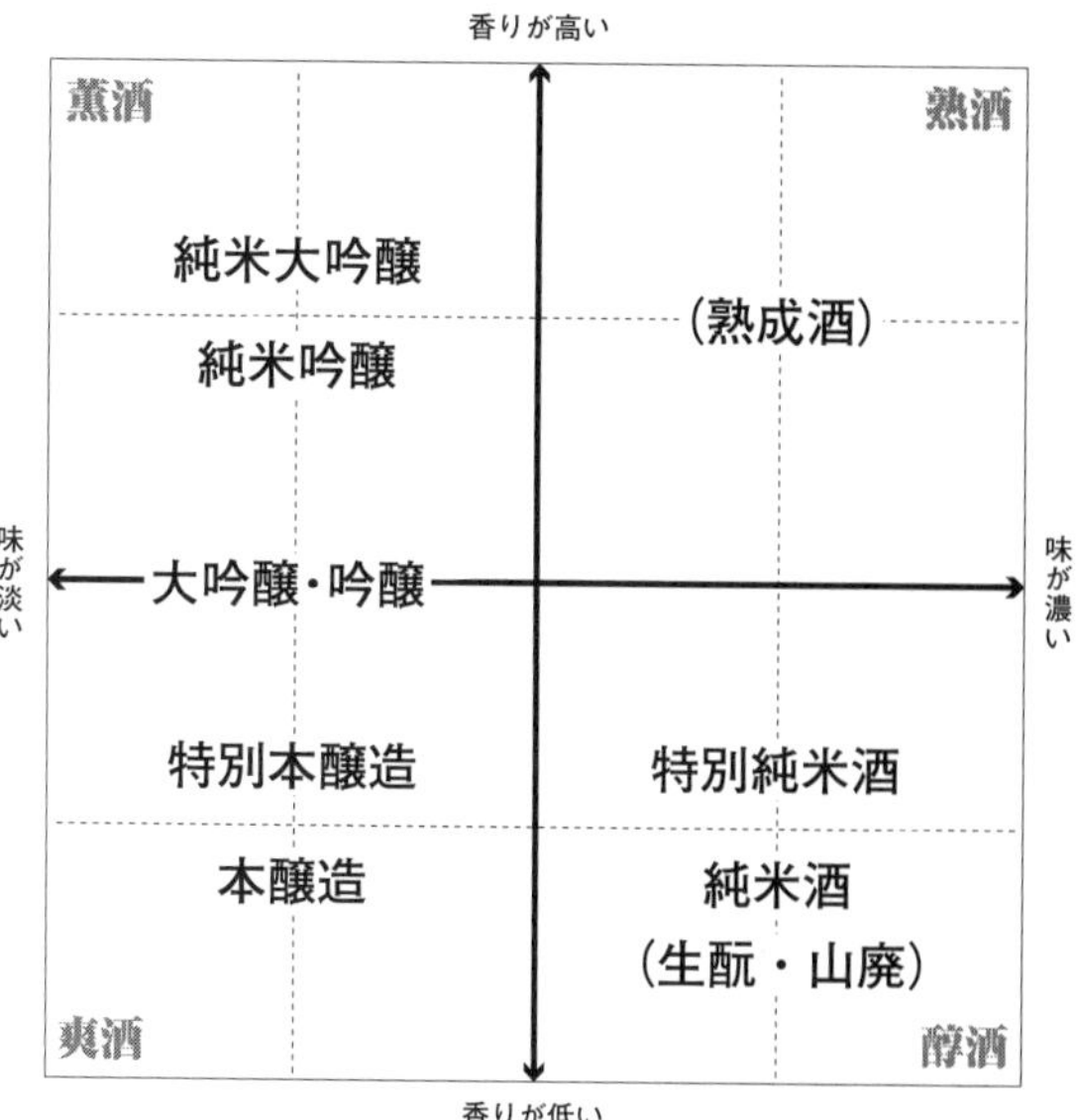

よりは、香りが弱くてもアロマティックで華やかな香りが全面に広がるようなものを、私は「香りが高い」と評価しています。吟醸香がなくてお米の香りがメインの場合は、より複雑な香りがするほうを「香りが高い」と評価する。

味わいについては、シンプルなものより、複雑味のあるほうを「味が濃い」と私は評価しています。いくら口に含んだときの最初のアタックが強かったとしても、複雑味に欠ける場合は

「味が淡い」寄りにプロットすることになる。

4分割した各ブロックに、ＳＳＩが名前をつけてくれています。

薫酒（くんしゅ）は、非常に香り高いのが特徴。フルーツのような香りがし、味わいにもボリューム感がある。純米大吟醸・純米吟醸はこのブロックに入ることが多い。

爽酒（そうしゅ）は、香りがおとなしく、味わいも淡いのが特徴。さわやかで清涼感のあるお酒です。特別本醸造・本醸造はこのブロックに入ることが多い。

香りは適度にあるのに、味わいは淡くて、薫酒なのか爽酒なのか判断に迷うようなものを、爽薫酒（そうくんしゅ）と呼びます。大吟醸・吟醸はここに入ることが多い。

醇酒（じゅんしゅ）は華やかな香りはないものの、味わいがしっかりしているのが特徴です。特別純米酒・純米酒はこのブロックに入ることが多い。

そして、香りも味わいも強いのが熟酒。このブロックには熟成酒が入ります。前作でこのブロックに入ったものは1本もなかったのですが、今回は熟成酒を扱うので、初めてここにプロットされるものが登場します。

第　2　章

カップ酒　東日本エリア

香りは高く味は淡いエレガントスタイル

全国のカップ酒が東京で買えるなんて

第2章・第3章では13本のカップ酒をテイスティングしますが、ＡＢＣＤＥＦ、６つのエリアすべてのカップ酒を用意することができました。私にとってもすごく大きな驚きです。以前からカップ酒を意識的に買うようにしているのですが、ここまで網羅できるとは予想していなかった。

流通の問題があるため、九州や四国のお酒を東京で買うのは、そう簡単ではないのです。輸送コストが上乗せされるので、本当に有名な銘柄でないと勝負にならない。カップ酒は３００円程度の商品ですから、輸送コストの重みはより深刻になる。西日本エリアのものが東京で入手できるだけでも驚きなのです。

例えば新潟駅前の「ぽんしゅ館」に行くと、新潟県で造られた地酒のカップがずらりと並んでいます。そういう形であれば、カップ酒をたくさんそろえることはできる。でも、その地域に限定したカップ酒を現地で買うのと、東京にいながらにして全国のカップ酒を集めるのとでは意味合いが違う。

しかも、それぞれのエリアで、お米をたくさん磨いた吟醸系グループと、お米をあまり磨かない非吟醸系グループの2タイプを用意することができました。

私のイメージでは、カップ酒は爽酒や醇酒に分類されるものが大半という印象があった。香りの低い純米酒が中心だと思い込んでいたのです。ところが、薫酒に分類されるような純米大吟醸や純米吟醸もたくさんあることがわかった。

今回はエリアとの組み合わせもあるので断念しましたが、純米大吟醸、純米吟醸、特別純米酒、純米酒、大吟醸、吟醸、特別本醸造、本醸造という8タイプすべてを、カップ酒で飲み比べることだって可能です。興味のある方は、試してみてはいかがでしょうか。

この13本のうち、ワンカップ大関2本だけはコンビニで買いましたが、残りはすべて、たった1軒のお店で入手できました。このことにも驚きます。地酒カップの品ぞろえでは東京一の「味ノマチダヤ（東京都中野区）」さん。古くからカップ酒に力を入れてきた酒販店です。ここでしか買えないオリジナルの地酒カップもあります。ネット販売もやっていますので、ぜひチェックしてみてください。

筒状のカップは香りがとりやすい

ここからはエリアごとに、お米をたくさん磨いた吟醸系グループから1本、お米をあまり磨かない非吟醸系グループから1本を飲み比べていきます。

テイスティングの手順は、まずは色調を見て、次に香りをかぎ、最後に口に含んで味わいます。最初のアタックや、余韻の長さなどにも注意を向けましょう。

なお、前作で書いたようにテイスティングはワイングラスでおこなうのが基本ですが、カップ酒に関しては、買ったその場で飲み切るのが一般的なので、あえてカップのままでテイスティングしています。

筒状のグラスは、空気がダイレクトに入ってくるため、香りが出やすい。そのぶん、ワイングラスに比べると持続性に乏しくなるので、急いで香りをとるようにしましょう。味わいについては、口に当たるガラスに厚みがあるぶん、薄いワイングラスで飲むよりパワフルに感じられるはずです。

風味の印象は、温度でずいぶん変わってきます。香りをとるのにベストの温度帯は12~13

度。酒瓶を冷蔵庫から出したばかりで６〜８度、野菜室から出したばかりで８〜10度なので、少し放置して常温に近づけてからテイスティングを始めるといいでしょう。

1——Aエリア「①上喜元と②南部美人」

フルーツと同時にお米の香りも感じる

さて、まずは北海道と東北地方からなるAエリアから。

お米をたくさん磨いた吟醸系グループからは山形県の①「上喜元（じょうきげん）　純米吟醸」を、お米をあまり磨かない非吟醸系グループからは岩手県の②「南部美人　特別純米」をチョイスしました。どちらも非常に人気のあるメジャー銘柄ですが、こんな銘酒がカップ酒で楽しめるなんて、いい時代になったものです。

まずは色調を見ます。北の端のエリアだけあって、ほぼ無色透明です。上喜元も南部美人も似たようなレベルです。

①上喜元の香りをかいでみましょう。フルーツのような香りがしますね。

純米吟醸のようにお米をたくさん磨いたタイプは、フルーツのような吟醸香がすることが多い。お米から造っているのに、なぜかフルーツのような香りなのです。原料であるお米の香りが、フルーツの香りに覆い隠されてしまうことも少なくありません。

しかし、カップ酒のような筒形の形状だと、香りが上がってきやすい。だから、この上喜元でも、フルーツの香りと同時に、お米の香りも感じられると思います。炊きたてのご飯のような香りです。

フルーツの香りは、どんな感じでしょうか? なるべく具体的に思い浮かべてください。吟醸系グループのお酒はフルーツの香りがするといっても、レモンやライムのような柑橘系の香りがすることはほぼありません。だいたいバナナやメロン、パッションフルーツなどトロピカル系の香りがすることが多いのです。

上喜元の場合、バナナのような香りがします。

吟醸香にボリュームのないお酒は、まだ若いバナナのような香りがします。少しボリュームが増すと、熟したバナナの香りになる。さらにボリュームアップすると、焼きバナナや、砂糖をまぶしてバーナーであぶったバナナの香り。最終的にはシロップ漬けにしたものすごく甘いバナナの香りになる。上喜元の場合、食べ頃を迎えたバナナぐらいの熟し加減でしょうか。中程度のボリュームということです。

ユリのような白っぽいお花のイメージの香りも感じられますね。でも、それぐらいです。スパイスのような香りはいっさいない。香りはシンプルといえる。

口に含んでみましょう。香りをかいだときは、もっとボリューム感のある味わいを想像したのですが、タッチも繊細で、細身のイメージです。まずはやさしい酸味を感じます。そのあと上品な甘味が上がってくる。旨味よりも甘味を感じると思います。やさしい甘味が、アフターフレーバーにもずっと残ります。

SSIの座標軸にプロットするなら、このあたりだと思います。薫酒にプロットされるカップ酒があるというのは、私にとって驚きです。

吟醸酒は冷やして飲めといわれますが、上喜元は純米吟醸タイプながら、お燗にしても楽

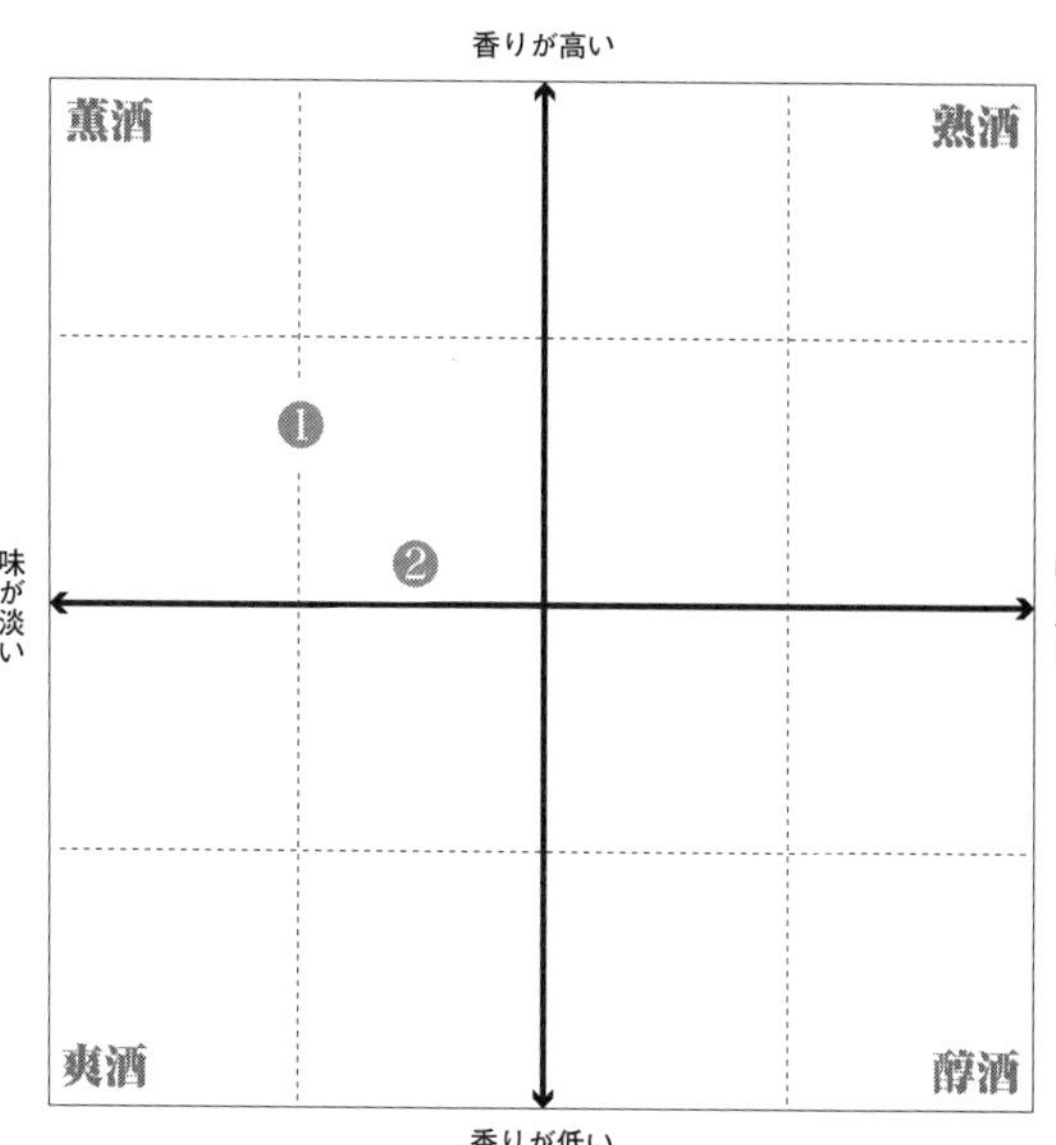

しめると思います。ぬる燗ぐらいにすると、お米の香りをより感じられるようになる。

私もよくやるのですが、カップ酒はレンジでお燗することができます。フタを外し、ラップをかけずに600Wで30秒ほど。レンジによって違いがありますので、微妙な時間は各自で調整してください。ただし、あまりに長時間、加熱すると、ガラス瓶が割れる可能性があるので、そこだけはご注意を。

桃をかじりながら日本酒を飲む

前作を出した頃、日本酒を料理にどう合わせるかという発想は、世の中にあまりありませんでした。日本酒そのもののおいしさでしか語られなかった。だから純米大吟醸のように「お酒だけで楽しめる」ものが高く評価されていた。

でも、最近は食中酒として意識されることが増えました。造り手の側も、どうすれば料理に合うかと考えて設計するようになった。香りだけが突出したお酒を店頭で見かけることが減った背景には、そんな事情もあるのです。今回のテイスティングでも「いい食中酒が増えてきたなあ」と感じました。

そんなわけで、今作でも料理とのペアリングについては力を入れたいと思いますが、カップ酒は旅先で気軽に楽しむケースが多いだけに、「旅先でのペアリング」バージョンでも考えてみたいと思います。キオスクで買える手軽なおつまみや、駅弁なんかとどう合わせるかという視点です。

前作で書いたように、ペアリングの基本は「目には目を、歯には歯を」。香り高いお酒には香り高い食材を、渋味のあるお酒には渋味のある食材を。繊細なお酒には繊細な料理を、ダイナミックなお酒にはダイナミックな料理を。そう発想していけば、大きくは外しません。お酒と料理のどちらかが圧倒することがなくなる。

上喜元が造られている山形県の名産といえばフルーツです。上喜元ほど繊細なお酒であれば、ぜひフルーツと一緒に飲んでほしい。サクランボでも桃でもメロンでもラ・フランスでも、水分量の多いフルーツなら、相性はバッチリだと思います。

「フルーツをかじりながら日本酒を飲むのか！」と、驚かれた読者がいるかもしれません。でも、これが意外といけるのです。特に上喜元のように香りにフルーツを感じるお酒の場合、ビックリするほど合います。

まあ、「もうちょっと食事感を」という読者には、フルーツサンドをおすすめします。かつての生クリームはこってりしていて、日本酒を圧倒しましたが、最近の生クリームは軽い。甘さもひかえめです。テクスチャー（食感）もフワフワしているので、決して生クリームが日本酒を圧倒することがない。

私はけっこう日本酒とパンを合わせるのです。サンドイッチを食べながら飲んだりする。

ただ、上喜元の繊細な風味を考えたら、ハムやチーズといった具材ではなく、旬のフルーツの入ったサンドイッチのほうがいい。

駅弁を買うのであれば、お酒が繊細であるぶん、肉系よりは魚系でしょう。赤身の魚よりは、白身の魚です。関東でいうならシラス弁当なんかが食べたくなります。

お米の研ぎ汁のような香り

次はAエリアの2本目、②南部美人です。Aエリアですから基本的にエレガント。でも、タイプとしてはお米をあまり磨かない非吟醸系グループなので、①上喜元よりはパワフルなはず――。そう予想できますが、実際はどうなのか。

上喜元は精米歩合50%ですから、純米大吟醸を名乗ってもいいスペックなのに、純米吟醸を名乗っていました。南部美人のほうも精米歩合55%だから、スペックだけでいえば純米吟醸を名乗ってもいい。でも、特別純米酒を名乗っています。

その理由は、香りをかぐとわかると思います。フルーツの香りがしない。純米吟醸を名乗ると、消費者は「フルーツの香りがするんだな」と先入観をもつので、期待を裏切りかねない。むしろ純米酒の印象に近いのです。とはいえ、普通の純米酒よりはお米を磨いて丁寧に造っているので、特別純米酒のネーミングになったのでしょう。

精米歩合とタイプのネーミングにズレがあるときは、そこに酒蔵からのメッセージがこめられています。そこまで読み取れれば、より深く楽しめます。

さて、香りをしっかりかいでみましょう。まず感じるのは、ヨーグルトっぽい香りです。鋭角的な酸味ではなく、やさしくて上品な酸味。これは乳酸の香りです。

お米の香りもあると思います。お米の研ぎ汁のような香りです。いまは温度が低いので研ぎ汁の香りですが、お燗にすると香りはボリュームアップして、炊きたてのご飯のような香りがフワッと上がってくるはずです。

吟醸香はボリュームによってバナナっぽい香りが変化すると書きましたが、お米の香りについても同様です。香りのボリュームがないほうから、生のお米、研いだお米、研ぎ汁、白玉団子、炊きたてのご飯、乾いたお餅、つきたてのお餅、焼いたお餅……と変わっていく。最終的にはきなこ餅のように、炒った大豆のような印象になります。

つまり、南部美人のお米の香りはボリュームが低いほう。かすかに感じるぐらいの、上品で繊細な香りだということです。エレガントです。

口に含んでみます。乳酸の酸味と、旨味を感じます。上喜元より、明確に旨味を感じると思います。コクもあります。コクとはテクスチャー（食感）のことで、少しとろみがある。といっても、ねっとりしたコクではなく、繊細で上品なコクです。

お米からくる甘味も感じますね。甘味と酸味とコクのバランスが非常にいい。味わいのほうもエレガントといえます。お米の存在を強く感じるという意味で、上喜元よりはパワフルなのですが、非吟醸系グループといってもほとんど雑味を感じません。さすがAエリアだなあと痛感します。

座標軸にプロットするなら、これも薫酒に入れていいと思います。とはいえ、上喜元に比べたら、香りは低い。もう爽薫酒に近いぐらいの位置でいいでしょう。味わいは濃いので、上喜元よりは右寄りに（45ページ）。2本だけの比較でいえば、パワフル方向にプロットできるということです。

チーカマと南部美人で至福の列車旅

本当においしいお酒です。こんなレベルのものがカップ酒で味わえるなんて感激です。こういうお酒は料理を選びません。

乳酸の香りから連想されるものとして、チーズを合わせてみたい。とはいえ、お酒の繊細さを消さないよう、やさしいタイプのチーズです。キオスクでチーカマを買って、列車のなかで南部美人を飲む。こんな最高の旅があるでしょうか！

チーズといえば、ピザもいいですね。ただ、シンプルなフロマージュのピザにしてください。ブルーチーズのように癖が強いと、お酒の繊細さを圧倒してしまいます。リゾットやグラタンといったホワイトソース系の料理にも合うと思います。

南部美人が造られている二戸市は海沿いですが、海の食材だとカキなんかどうでしょうか。といっても生ガキでは、お酒の繊細さに勝ってしまう。バターソテーで召し上がっていただきたい。

南部美人には旨味もコクもあるので、カキの旨味に負けません。でも、生カキだと独特の臭みがあって、エレガントなお酒を圧倒してしまう。だから、ソテーすることでカキをミルキーな仕上がりにして、臭みを消してやろう。そう考えていけばいいのです。

そのとき「お酒の温度を変えると、どうなるのかな?」と発想できれば、満点です。お酒の温度が上がれば、コクが増してクリーミーに感じられますから、カキのクリーミーな食感としっかり寄り添えます。「だったら、ぬる燗ぐらいにしよう」と結論づける。

お酒にコクがある、つまり少しとろっとしたテクスチャーがあるという意味では、ウニもいけると思います。海苔でウニを巻いて、磯の香りを感じながら南部美人を飲むのもオツでしょう。

酸味があるという意味で、海藻の酢の物なんかもいい。ただ、南部美人の酸味は繊細なので、酸味のきつすぎる酢の物には負けてしまいます。そこで「ちょっとお酢をひかえめにしようかな」と発想する。これがペアリングのコツです。

2——Bエリア「③黒部峡と④加賀鳶」

桃の甘い香りとセルフィーユの香り

次は、もっともエレガントだと私が考えているBエリア。新潟県と北陸3県からなるエリアです。

お米をたくさん磨いた吟醸系グループからは富山県の③「黒部峡　純米吟醸」、お米をあまり磨かない非吟醸系グループからは石川県の④「加賀鳶（かがとび）　極寒純米　辛口」をチョイスしました。

まずは色調を見ます。どちらもAエリアの2本とほとんど変わりません。

大きな傾向として考えるなら、エリアは南に行くほど、タイプはお米を磨かないほど、黄色っぽい色になっていきます。ただ、日本酒は濾過してから出荷されるのが一般的なので、風味ほどはエリアやタイプの影響が見えにくいのです。無濾過のお酒を集めて比較してみれば、エリアの差はかなり明白にわかるはずです。

さて、③黒部峡の香りです。これも繊細ですねえ。純米吟醸タイプということでフルーツのような香りはあるのですが、決して押しつけがましくない。上品です。

これはどんなフルーツでしょうか？　桃のようなちょっと甘い香りです。ハーブの香りもあります。セルフィーユのような香りですね。ちょっと苦味を連想させるようなハーブの香りといえます。

口に含んでみましょう。香りをかいだときとは印象が変わりますね。香りはちょっと甘いぐらいで、みずみずしいフルーツの印象のほうが強かった。でも、味わいにはかなり甘味を感じます。ここまで飲んだ3本のなかでは、もっとも甘いと思いませんか？

口当たりはなめらかで、ソフトです。こうしたテクスチャーは、香りの高い薫酒にはよく

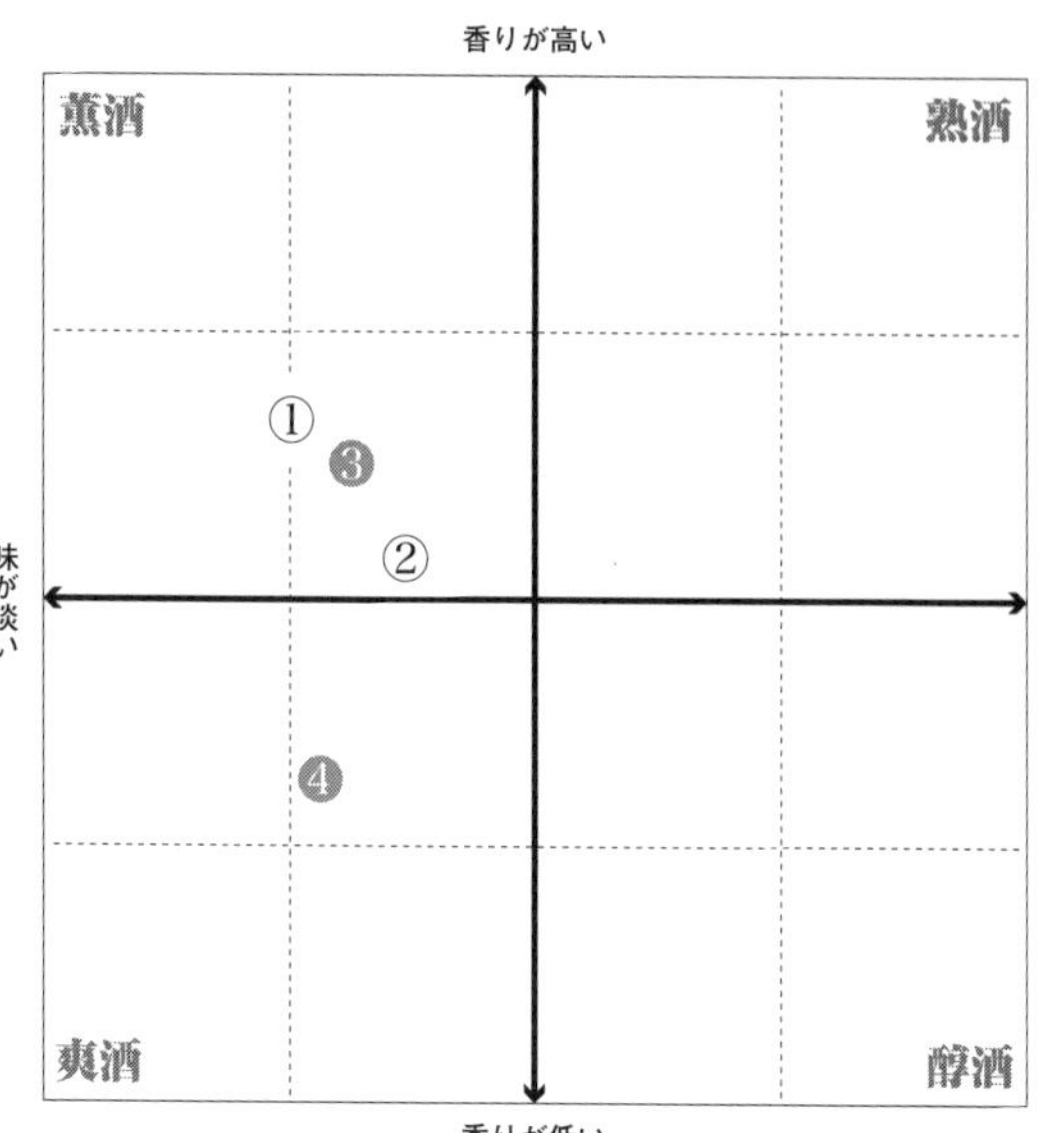

現れるもの。このお酒も間違いなく薫酒に入ります。

エレガントです。ただ、「Aエリアよりエレガントか?」と聞かれたら、私にも違いはわかりません。エリアによる区分けは、そこまで厳密なものではない。

アフターフレーバーに香りや味わいがずっと残ります。余韻が長いといっていいでしょう。飲んだあと、香りや味わいが8秒以上続くようなら、「余韻が長い」と表現できます。5秒以下なら「余韻が短い」と表現することができる。

典型的な薫酒なので、座標軸では、このあたり。①上喜元も同じ純米吟醸でしたが、それより香りは少し低く、味わいは少し濃い。

余韻の長いお酒にはパクチーやルッコラを

黒部峡の造られる富山県は海の幸が豊富ですが、エビ、カニといった甲殻類の甘味は、このお酒の甘味とよく合うと思います。

魚介類とホウレンソウで作ったキッシュが食べたくなりました。キッシュは、生地の部分はサクサクしていますが、具の部分はクリームソースがベースです。そのとろっとした食感と、黒部峡のなめらかな口当たりは相性がいい。デパ地下で買ったキッシュとカップ酒で列車旅って、なんてお洒落なんでしょうか。

富山県といえばホタルイカですが、生や沖漬けで食べるのでは、黒部峡の繊細な風味が生かせない。②南部美人でカキを食べるときと、まったく同じ理由です。だからホタルイカは天ぷらにして、塩か抹茶塩で食べるのがいいと思います。天つゆだと、お酒の繊細さを消してしまいかねないので。

余韻の長いお酒には、どんな料理が合うのか？　野菜であれば、香りがしっかりしているものが合います。黒部峡の場合、ハーブのような香りがあるので、アジア料理ならパクチー、イタリア料理ならルッコラといった野菜です。香りの強い野菜を使ったオードブルとは相性がピッタリだと思います。

温かい料理のほうが、香りは持続的に上がってくる。そういう意味で、余韻の長いお酒はメイン料理でもいけます。ただ、単に焼き魚にするよりは、照り焼きや西京焼きなど香りのある調理法にしたほうが、よりマッチします。

余韻が長いというのは、味わいにボリューム感がある、という意味でもあります。だから料理にもボリューム感を求めたい。魚だったら白身の淡泊なものよりは、赤身でジューシーなもの。肉だったらチキンのように淡泊なものより、ビーフのボリューム感をぶつけていくほうがいいのです。

「キレがいい」とは何か？

次は④加賀鳶です。

香りをかいでみましょう。純米酒タイプということもあり、フルーツの香りはまったく感じません。原料であるお米由来の香りのほうが強い。お餅のような香りがあると思います。焼いたお餅のような香りです。お米の香りのなかでもボリューム感があるほうだということです。醤油っぽい香りも同時に感じられますね。

アルコールの香りも強い。お父さんやおじいさんが昔、飲んでいたお酒のような香りといったら伝わりやすいでしょうか。4本目にして、この香りが出てきた。加賀鳶は辛口を名乗っていますが、このアルコール感が辛口のお酒の特徴です。

実際は、どのお酒にもアルコールの香りはあるのです。でも、華やかなフルーツの香りが満開だと、それを覆い隠してしまう。加賀鳶のようにお米の香りだけの場合は、アルコールの香りが見えやすくなる。通の飲み手はこの香りをかぐだけで、「このお酒は辛口だよ」というメッセージを受け取るわけです。

口に含んでみましょう。辛いですね。アルコールのピリピリした強さが舌を刺激します。アルコール感が口中に広がって、鼻から抜けていく。これまで飲んだ3本とアルコール度数は変わらないのに、これまでになくアルコールの存在を感じる。

お米をたくさん磨いた純米大吟醸や純米吟醸では、フルーツのような甘味を感じやすい。加賀鳶はそれがないぶんアルコールの味わいが口に残って、辛く感じるのです。

余韻はどうでしょう？　余韻が長かった③黒部峡とは真逆で、本当に余韻が短い。スパッと切れると思います。これを「キレがいい」と表現します。加賀鳶の精米歩合は65％ですから、そのぶん香りに雑味を感じました。でも、味にはほとんど感じられない。キレがいいからです。キレとアルコール感のバランスがいい。

もうキレッキキレで、「ザ・辛口」という感じです。辛口の日本酒ってどういう意味かわからない方は、この2本を飲み比べるだけでも理解できると思います。

「ザ・辛口」とアタリメで永遠に飲める

アタリメなんかを口に入れておいたら、もう永遠に飲めます。ホタテの貝柱でも、イカゲソでもいい。旨味を濃縮した乾き物との相性は最高です。これこそ列車酒です。苦味もあるので、グリル料理に合うと思います。スモーク料理でもいい。アウトドアにもっていって、バーベキューしながら飲んでみてください。スモークしたチーズと一緒に食べても、その強い味わいをスパッと切ってくれます。

この辛さをより楽しみたい方は、もうアツアツのとびきり燗（192ページ参照）にするといいと思います。アルコールのピリピリした刺激が増して、キレもさらによくなる。この刺激は唐辛子や山椒の辛味に負けないので、麻婆豆腐にも合わせられるでしょう。

座標軸にプロットします。これは典型的な爽酒です。香りは強いけれども、高いとは表現できない。非常にシンプルな香りだからです。香りにフルーツも酸味も感じなかった。味わいはしっかりしていますが、キレがいいので、中間ぐらい（55ページ）。

4本目にして左下の区画に初めてプロットされましたが、私のイメージでは、カップ酒は横軸より下のものばかりだという先入観があった。むしろ、薫酒に入った3本のほうが例外に感じてしまいます。

辛口は「シャープで飲みやすい」のか？

前作でも解説しましたが、「日本酒の辛口」について補足しておきます。

辛口のお酒というのは、通好みのお酒です。初心者の方は、香りだけで「ウッ」となることも少なくない。アルコールの香りが苦手なようなのです。ところが、日本酒のことをよくご存じない方ほど「辛口といっときゃ恥かかないだろう」という辛口信仰がある。

加賀鳶について「エレガントかパワフルか？」と聞かれたら、エレガントだと思います。同じようにアルコール感の強い辛口でも、南に行けば風味も色調も、もっとパワフルになりますから。精米歩合65%なのにほとんど色がついていない点でも、加賀鳶のエレガントさは伝わってくる。

ただ、これが初心者にも飲みやすいかというと、少し難しいかもしれない。

日本酒は基本的に、すべて甘い飲み物です。それなのに、どうして「辛口」が存在するかというと、特別にキレがいいものをそう呼んでいる。ほかの要素よりもアルコールを感じやすいものは、キレがいいのでシャープに感じられる。辛口と、初心者が苦手なアルコール感は切っても切れない関係にあるわけです。

シャープな飲み口という意味では、ビールも同じです。「辛口のビール」といえばアサヒスーパードライが代表選手ですが、まさに「コクがあるのに、キレがある」というコピーとともに登場してきました。

ただ、スーパードライの「辛口といえば、シャープで飲みやすい」から連想して、日本酒の辛口に入ってくると、飲みやすさの部分で戸惑うことになる。辛口の日本酒は、むしろ初心者には飲みにくいお酒だと思います。

辛口の日本酒は地味です。華やかな香りはないし、味わいも淡い。口に含んだときのボリューム感もない。いわば通好みのお酒なのです。初心者に向いているのは「フルーティーな」とか「甘い飲み口の」とかいう形容詞のつくお酒。エレガントスタイルの純米大吟醸や純米吟醸のような「わかりやすいお酒」でしょう。

私はいろんな酒質のあることが日本酒の世界を豊かにすると考えているので、「純米大吟醸こそ最高のお酒だ」という風潮には反対です。でも、入り口で日本酒を嫌いになられても困るので、初心者にはなるべく辛口から入らないようアドバイスしています。入り口は純米大吟醸でもかまわない。

せっかくビールの話題が出たので、ＳＳＩの座標軸で分類してみましょう。ビールに詳しい人なら、これで日本酒のイメージがわくかもしれないので。

アサヒスーパードライは、どう考えても左下の爽酒です。キリン一番搾りやヱビスは、そこそこコクもあるので、右下の醇酒。サントリーのザ・プレミアム・モルツは、けっこう香り高いので左上の薫酒でしょう。キリンラガーは苦味が特徴ですが、爽快さやコクもあるので、爽醇酒（そうじゅんしゅ）（爽酒と醇酒を分ける縦軸の上）あたりでしょうか。

黒ビールはイメージとして、右上の熟酒に入る感じです。熟成させてはいないけれども、味わいがふくよかでリッチ。香りも高いからです。

ひょっとすると、ビールの好みからの連想で、自分好みの日本酒を見つけるという方法もアリかもしれませんね。

3――Cエリア「⑤来福と⑥泉橋」

花酵母だから出せる独特の香り

さて、東日本エリアのラストとなるCエリアに入ります。関東全域に、長野県、山梨県、静岡県まで含んだエリアです。前作では、このあたりから雑味が増えてきたのを実感しました。今回はどうでしょうか。

お米をたくさん磨いた吟醸系グループからは茨城県の⑤「来福　純米吟醸」を、お米をあまり磨かない非吟醸系グループからは神奈川県の⑥「泉橋　純米　とんぼの夕焼けカップ」

をチョイスしました。

色調を見てみます。泉橋が心もち黄色っぽいような気もしますが、印象としてはほとんど変わりません。

では、⑤来福の香りをかいでみましょう。お花のような香りがしますね。これまでの4本にはなかった特徴的な香りです。お花といっても真っ赤なバラではなく、淡いピンクとか白い花のような、やさしいイメージのお花です。

この酒蔵はさまざまな花酵母を使っていることで有名で、この銘柄ではツルバラ酵母を使っているようです。その影響が香りに出ているのでしょう。

純米吟醸タイプだけに、フルーツの香りもあります。まだ熟していない若々しいバナナの香り。ウリっぽい香りもあると思います。

香りに酸味も感じます。乳酸っぽい香りではなく、個性的な酸味。温度が上がると、漬物っぽい香りも上がってきました。

この銘柄のラベルには使用米が書いてあります。愛山。兵庫県生まれの酒米で、主に西日本エリアで栽培されています。雄町など西日本系の酒米と同様、味わいを出しやすいタイプです。決して香りが強いイメージはないのですが、来福は香りのボリュームが中程度にはある。酒米と酵母の相性がいいのかもしれません。

口に含んでみます。やはり酸味を感じます。熟成酒ではありませんが、少し練れたような印象もあります。香りにあった若々しいウリのニュアンスが、味わいにもあって、苦味も感じると思います。

大福や桜餅と日本酒が合わないはずがない

来福を座標軸にプロットしましょう。これも薫酒です。カップ酒ですでに4本も薫酒が出てきたなんて、私も認識を新たにしました。

香りのボリュームは中程度とはいえ、ここまでの5本ではもっとも香り高いと評価できます。個性的で複雑な香りだからです。味わいも、ここまでの5本では、もっとも濃い寄りにプロットしていいでしょう。

やっぱりCエリアに入って、風味はパワフルになった感じです。ちょっとずつですが複雑味が増してきている。

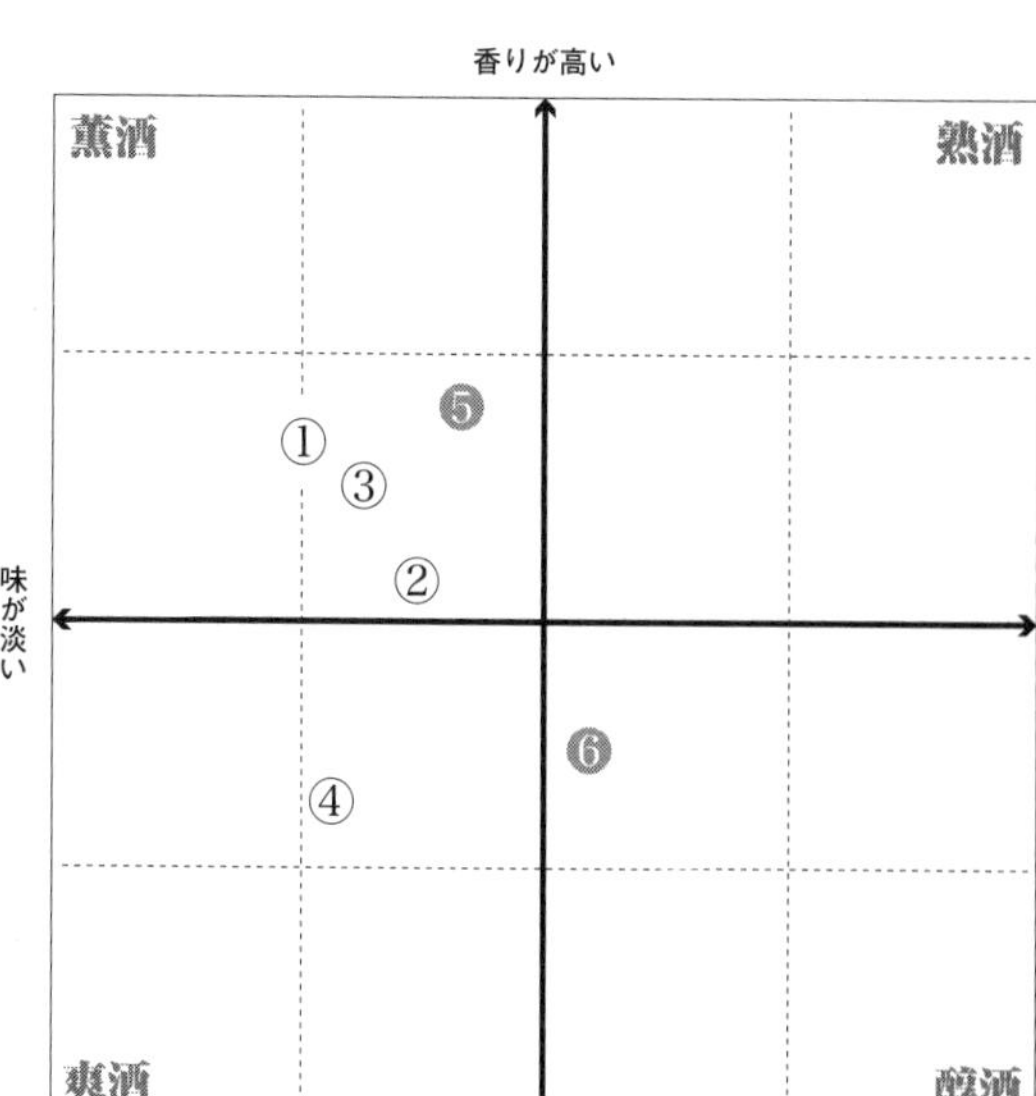

　これもフルーツと一緒に飲みたいお酒ですね。香りに合わせて、スイカやメロンなどウリ系のフルーツがいい。苦味もあるので、渋みのある柿でもいい。

　野菜なら、ウリっぽいニュアンスのあるズッキーニでしょう。豆類もいいと思います。ゆがいたソラマメは香りが高いので、相性はバッチリです。お酒の香りが高いときは、その強さに負けない食材を合わせる。

　ただし、パワフルといっても、まだＣエリアのパワフルさです。

食材の香りは強すぎないほうがいいでしょう。西洋のハーブではなく、日本のよもぎぐらいの感じ。よもぎを使った大福と合わせるのもオツだと思います。桜餅もいい。お花の香りでペアリングするわけですが、やさしいお花の香りを選ぶ。

来福が造られている筑西市は、もなかが名物のようですが、もなかも合うと思います。お酒とスイーツの組み合わせにビックリされた読者がおられるかもしれませんが、私はよく合わせます。特に大福や桜餅は、お米で作られたスイーツ。お米で造った日本酒と合わないはずがないのです。

精米歩合70%の境目

次は⑥泉橋です。純米酒タイプですが、精米歩合70%と、ここまででは、もっともお米を磨いていない銘柄です。

香りをかいでみます。最初に感じるのは、トーストの香りです。白い食パンをトーストしたときの香ばしいニュアンスが出ている。

フルーツの香りも、お花の香りもしません。トーストの香りと、お餅を焼いたような香りだけです。お米の香りのボリュームとしては、最大級のボリュームだということです。お米を強く感じる。

全体としての香りはおとなしい。これが純米酒の香りの特徴です。この銘柄は精米歩合が低いので、それが如実に出ている。

口に含んでみます。旨味が強いし、コクがある。食感としてとろっとした印象があるということです。お米をあまり磨いていないぶん雑味が多く、それがテクスチャーにも現れているわけですね。重心が低くて、どっしりした味わいになる。

さきほどの④加賀鳶にあったアルコール感も感じると思います。香りとして加賀鳶ほど感じることはなくても、味わいのほうには加賀鳶より強く感じられる。加賀鳶はキレがあって、味がスパッと切れました。一方、泉橋はとろっとしたテクスチャーなので、アルコール感が残りやすいのです。

この違いはエリアに起因する部分もありますが、精米歩合の影響が大きいと思います。加賀鳶は精米歩合65%、泉橋は精米歩合70%。たった5%の違いだといわれるかもしれませんが、私の印象では、精米歩合70%あたりに大きな境目があるように感じています。それを超えたとたん、お酒の表情がコロッと変わる。

精米歩合70％は、日本酒のなかでも、かなり磨いていないほうです。冒頭の銘柄リスト（12ページ）を見てわかるように、たいていの特定名称酒は精米歩合50％から65％の範囲内におさまっている。

磨かないから作業が楽かといえば、逆です。雑味が悪い方向へ進まないよう微調整しながら、おいしいお酒を造るというのは、むしろ非常に難しい。たしかな技術力あってこその精米歩合70％なのです。

技術力だけでなく、いい原料も求められます。実はこの酒蔵、お米を自社田で作っています。いい田んぼには、トンボがたくさんやってくる。だから、泉橋のシンボルマークはトンボです。このカップ酒に限らず、どの銘柄にもラベルにトンボがプリントされています（夏酒にはヤゴがプリントされています）。

この銘柄は「とんぼの夕焼けカップ」とネーミングされていますが、お米に自信がある証拠でしょう。

ハンバーグならデミグラスソースで

泉橋はお米の風味が強いのでご飯が食べたくなりますが、この旨味ととろみには餅米を合わせるほうがいい。赤飯はすごく合うと思います。

おにぎりを食べるとしたら、どうでしょうか。塩むすびにするなら②南部美人、醤油を塗って焼きおにぎりにするなら④加賀鳶だと思います。泉橋と合わせる場合、味噌を塗って焼きおにぎりにしたい。味つけを少し強めにするわけです。

洋食のご飯なら、チーズリゾットです。リゾットの場合、お米の芯は残っていますが、ソースの部分にとろみがある。お酒とテクスチャーが合うのです。

南部美人はチーカマと合わせましたが、泉橋とチーズを合わせるのであれば、焼いたラクレットチーズのように、とろとろのチーズのほうがいい。

ハンバーグを食べるときも、シャバシャバしたソースより、デミグラスソースのような濃度の高いソースを合わせてあげる。さらにチーズをのせたっていい。要は、テクスチャーを合わせていく。

ただ、私たち日本人には、口をさっぱりさせたい食文化があるので、あまりに同じ系統のものを足し算しすぎると、しつこく感じてしまうかもしれない。なので、風味をそろえるのでなく、相反するものを組み合わせるという上級テクニックもあります。

例えば、常温の泉橋に、冷たい料理を合わせる。そうすれば、お酒のふくらみはより感じられるようになり、料理はより引き締まった印象になります。温度差を利用することで、お酒と料理の個性を際立たせることができます。

料理とのペアリングにおいて、「がっぷり四つに組むか、いなすか」というのは、非常に重要な観点です。神奈川県の名物弁当といえば、崎陽軒のシウマイ弁当。泉橋は、シュウマイの肉々しさとがっぷり四つに組むことができる。でも、口のなかをリセットしたいということなら、加賀鳶で相手をいなせばいい。

この銘柄のお米の風味をより味わうには、お燗で楽しみたいところです。人肌燗からぬる燗（192ページ参照）ぐらいにすれば、お米のふくよかさがボリュームアップして、旨味も増します。加賀鳶のときはアルコールの刺激を増すためにとびきり燗にしました。逆にお米のやさしさを楽しむためには、ぬるめのお燗にすればいいわけです。

このお酒にはお餅を焼いたような香りがするといいましたが、お燗にすると、わらび餅やきな粉のような上品な香りに変わってくるはずです。だったら、焼いたお餅にきな粉をまぶして食べる。もう相性バッチリです。

Cエリアにして醇酒が現れた

ABエリアまでは、非常にエレガントな酒質でした。通好みの加賀鳶を除けば、初心者に好まれる風味です。Cエリアに入って、急に個性が出てきた感じがあると思います。徐々に雑味が増えて、複雑な風味に変わってきた。

座標軸にプロットしましょう。香りが低く、味わいが濃い。これは醇酒です。とはいえ、西日本エリアのお酒に比べたら、味わいはかなり淡いほうなので、むしろ爽酒に近いぐらいの場所に置きます（67ページ）。

6本目にして、ついに醇酒が登場しました。醇酒というのは、香りが低く、味わいが濃いお酒。ザックリ二分して考えるなら、パワフルなお酒です。東日本エリアはエレガントと解説してきましたが、こうした例外も出てくる。エリアだけでなく、タイプも合わせて考える意味はここにあります。

純米酒タイプはパワフルですが、そのなかでも精米歩合70%というのは、相当、お米を磨いていない。その部分に注目したら、かなりパワフルな仕上がりになっているであろうことは、容易に予想できます。

まあ、味わいが濃いといっても、まだ爽酒と変わらないレベルです。さらに西へ進めば、もっと濃くなっていきます。ABからEFに向けて、グラデーションを描きながら雑味が増えていく、という傾向には合致しているわけです。

つまり、ラベルを見て、こういう風に予想すればいいのです。

「えーっ。精米歩合が70%なの！　そこまでお米を磨いていないんだったら、相当、パワフルに仕上がっているはずだよな。しかも、エレガントな東日本エリアといっても、西端のCエリアだ。場合によっちゃあ醇酒の可能性だってあるぞ」

エリアとタイプを組み合わせて予想するとはどういうことか、ご理解いただけましたでしょうか。

こうした枠組みを基本にしたうえで、さらに細かくイメージしたい人は、追加の情報をつけ足していく。

例えばラベルに花酵母と書かれていたら「お花の香りがするのかな?」とか、生酛と書かれていたら「ヨーグルトっぽい風味があるな」とか、生酒と書かれていたら「落ち着いた感じでなく、躍動感にあふれているんだろうな」と予想していけばいいわけです(生酛や生酒についてはあとの章で解説しますので、ご安心を)。

エレガント×エレガントならエレガントに

さて、6本ぶんのプロットが終わった座標軸を見てください(67ページ)。

まずは、そのうち5本が、縦軸の左側、「味が淡い」ところに入っていることに注目しましょう。⑥泉橋だけは右側に入りましたが、東日本エリアの味わいのほうが淡い傾向は見てとれます。

私にとって驚きだったのは、6本のうち4本もが、薫酒のところにプロットされたこと。「カップ酒はだいたい爽酒か醇酒だ」という思い込みを裏切ってくれました。香り高いお酒までカップ酒で楽しめるなんて、いい時代になりました。

さらに細かく見ていきましょう。

お米をたくさん磨いた純米吟醸タイプの3本（①上喜元、③黒部峡、⑤来福）のすべてが、薫酒のブロックに入っています。薫酒は香りが高く、味わいが淡いお酒。エレガントなお酒です。東日本エリアでお米を磨いたタイプだと、エレガント×エレガントでエレガントスタイルになることが、よくわかる結果になりました。

一方、お米をあまり磨かない特別純米酒・純米酒タイプの3本（②南部美人、④加賀鳶、⑥泉橋）は、薫酒、爽酒、醇酒と散らばりました。雑味が多いぶん、香りは低く味わいが濃い醇酒にプロットされるのかと思えば、そうはならなかった。

これは、エリアがエレガントなのに、タイプがパワフルだからです。エレガント×パワフルの組み合わせだと、結果がどう出てくるかわからない。だから、エリアとタイプの両方を見ることが大切なのです。

一般論として、お米をあまり磨かない非吟醸系グループのお酒が、エレガントな薫酒に入ることはありません。ほぼ爽酒か醇酒といっていい。つまり、横軸よりは下のほうへプロットされる。

②南部美人は例外でしたが、精米歩合55%と、純米吟醸を名乗っておかしくないスペックだったからです。この本では便宜上、非吟醸系グループに分類しましたが、「お米をあまり磨かない」とはいいにくい精米歩合だったのです。

ただ、そうはいっても、南部美人はもう爽酒に近いぐらいの位置にプロットされています。薫酒の4本のなかで、もっとも香りが低い。非吟醸系グループのほうが香りは低いという傾向には合致しているのです。

第　3　章

カップ酒　西日本エリア

香りは低く味は濃いパワフルスタイル

カップ酒は若者が飲むものだった

西日本エリアに入ります。本当に風味がパワフルに変化していくのか、一緒に飲んで実感しましょう。

この章では、シリーズ初の試みをやっています。普通酒を取り上げたのです。カップ酒のパイオニアであるワンカップ大関に敬意を表してです。

世の中には純米信仰の強い人がいます。特定名称酒であっても、大吟醸・吟醸・特別本醸造・本醸造といったアル添酒を毛嫌いする。普通酒となれば、もう眼中に入ってすらいないはず。でも、騙されたと思って、一度試してみてください。「普通酒でもこんなにおいしかったのか！」と目からウロコが落ちるはずです。

ワンカップ大関は全国どこのコンビニでも簡単に手に入ります。オーソドックスなものだけでなく、大吟醸のような吟醸系グループのものも、純米酒のような非吟醸系グループのものも出している。同じ銘柄でタイプの違いを実感することも可能なのです。この本ではオーソドックスなワンカップ大関と、純米酒タイプの2本だけ取り上げますが、ご興味のある方は各種試してみるのもアリだと思います。

ちなみに、ワンカップ大関が発売されたのは、奇しくも前回の東京五輪の開会式の日（1964年10月10日）。一升瓶から茶碗やコップに注いで飲むのが一般的な時代、買ってきた容器のまま飲ませるのは、画期的な試みでした。当時の等級で2級酒が主流だったのに、わざわざ1級酒や特級酒を入れた本格派です。

しかも、デザイナーに頼んで、アルファベットのロゴにした。当時の常識では考えられないことで、若い人に向けたお洒落な商品だったのです。実際、この革命的商品は若者たちの支持を受け、57年も続くロングセラーになりました。

いつの間にかカップ酒は「おじさんの飲むもの」というイメージになってしまいましたが、近年の地酒カップの充実ぶりを見るに、いつカップ酒ブームがきてもおかしくない、と私は考えています。そのポテンシャルを考えると、再び「お洒落な商品」に返り咲く可能性は高い。特に、量を飲まない若者や、女性におすすめしたい。

2回目の東京五輪となった２０２１年が「カップ酒ブーム元年」となることを祈りつつ、テイスティングを続けましょう。

1――Dエリア「⑦篠峯と⑧ワンカップ大関と⑨ワンカップ大関純米」

色が黄色くなってきた

さて、西日本エリアの東端に当たるDエリアに入りましょう。岐阜県・愛知県と近畿地方からなるエリアです。

お米をたくさん磨いた吟醸系グループからは奈良県の⑦「篠峯（しのみね）　純米吟醸　山カップ紅」を。お米をあまり磨かない非吟醸系グループからは変則的に2本、兵庫県の⑧「ワンカップ大関　上撰」と⑨「ワンカップ大関　純米　生貯蔵」をチョイスしました。

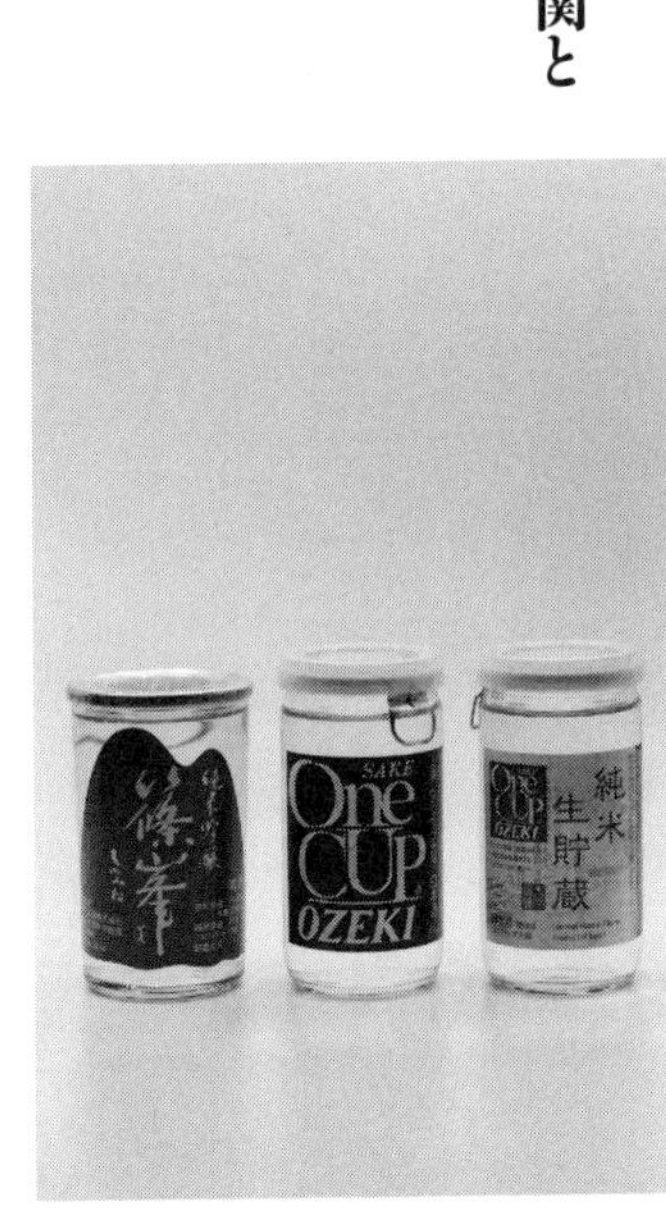

⑧ワンカップ大関には普通酒という表示がありませんが、特定名称酒なら必ず表示しないといけない精米歩合が書かれていない。だから、表示がなくても普通酒に分類されるお酒だとわかるわけです。

まずは色調です。3本並べると、ワンカップ大関がクリスタルみたいに透明なのがわかると思います。たくさん加水して、しっかり火入れしたお酒に見られる特徴です。完成品のアルコール度数は15～16度と一般的な高さなので、アルコール度数を高めに造っておいて、多めに割り水しているのでしょう。

ワンカップ大関は例外ですが、篠峯を見ると、少し山吹色をしています。ワンカップ大関・純米は、さらに黄色味が強い。Cエリアのお酒と比べて、色がついてきたのが一目瞭然です。篠峯の場合、お米をたくさん磨いた純米吟醸タイプでこの色調ですから、「ああ、西日本エリアに入ってきたなあ」と実感させられます。

吟醸系グループなのに醇酒に

⑦篠峯の香りをかいでみます。お米の香りがしっかり感じられる。炊いたばかりのご飯の

ような香りです。お米の香りのボリュームとしては中程度ということ。ダイナミックではあるのですが、繊細さもあります。

吟醸香はどうでしょう？　パイナップルのような南国のフルーツっぽい香りが少しだけします。シロップのような甘い香りもある。

ただ、純米吟醸タイプであるにもかかわらず、明らかにフルーツの香りより、お米の香りのほうが上回っています。西日本エリアに入って、にわかにパワフルな印象になってきたのを実感します。

口に含んでみましょう。最初にとろみを感じると思います。舌の上で転がるような粘着性がある。サラッとしていない。コクがある。

心地いい酸味もあります。旨味と酸味とコクのバランスがちょうどいい。Ｃエリアより雑味が増えているのを感じますが、非常に心地いい雑味です。カップ酒でこのクオリティが出せるのかと、正直驚きます。

酸味と旨味のボリューム感が、飲んだあともずっと続きますよね。口の中にお酒の香りがずっと残る。余韻は長いと思います。

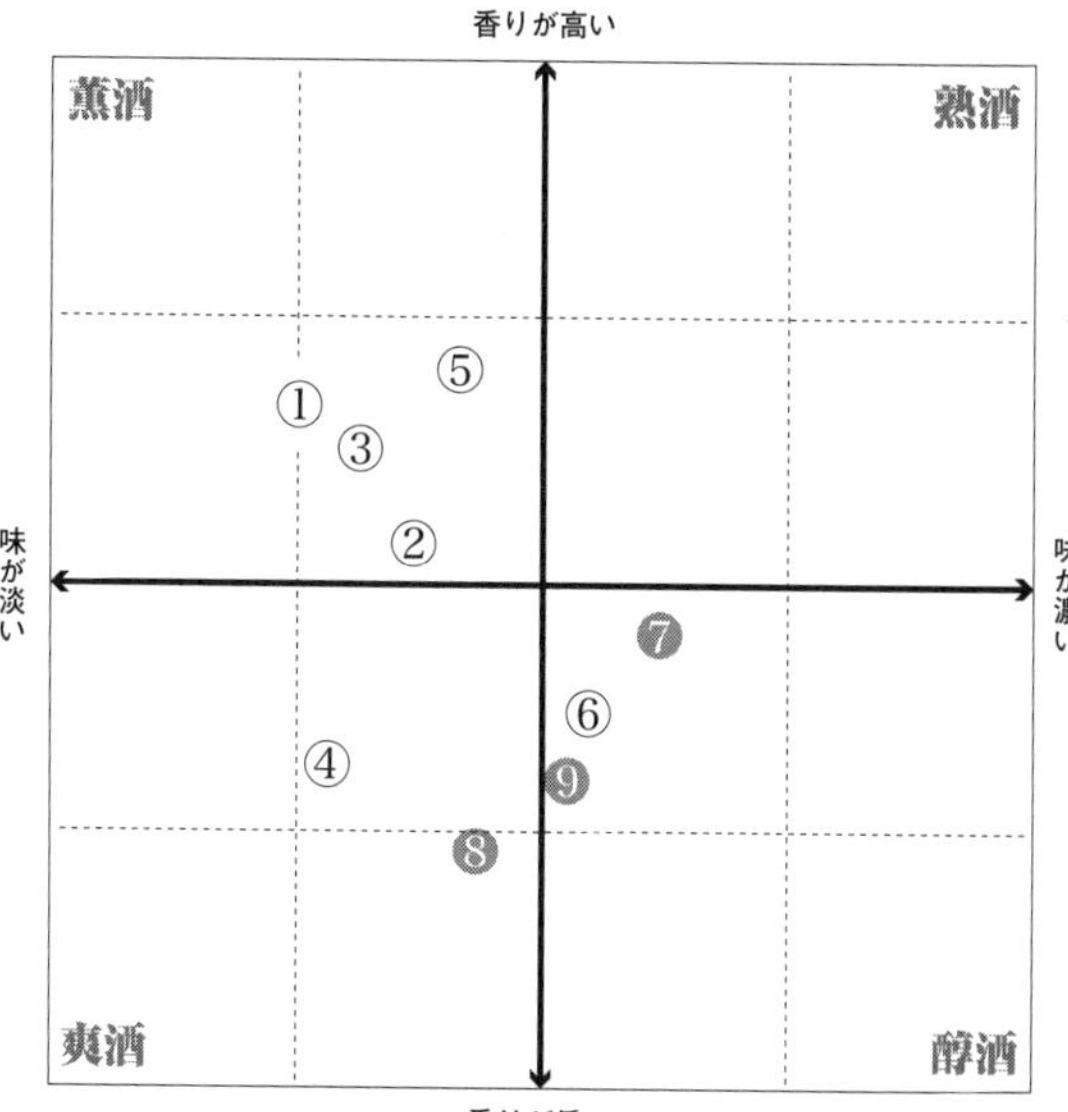

このボリューム感と酸味を生かすには、少し冷やして飲むほうがいいでしょう。冷やすと酸味が前面に出てきて、引き締まった印象になるからです。温度が下がると、甘味や旨味のほうをより感じにくくなる。

座標軸にプロットしましょう。これは醇酒ですね。ここまででは、Cエリアの⑥泉橋がもっとも味が濃かった。それよりも味わいは少し濃いと思います。香りは泉橋より高いものの、横軸を超えるほどではありません。

お米をたくさん磨いた吟醸系グループだというのに、パワフルな醇酒へ分類された。西日本エリアのお酒ならではの現象です。

酸味が弱いから料理に合わせやすい

「日本酒って、なぜかワインほど量を飲めないいんだよなあ」

そう感じたことはありませんか？　それには理由があります。ワインは日本酒に比べると酸味が多い飲み物だからです。

口当たりのさっぱりしているもののほうがたくさん飲めます。酸味のあるレモンティーと、コクのあるミルクティーでは、どちらがたくさん飲めるでしょうか？　甘味の強いコーラはずっと飲めないけれど、さっぱりしたレモンスカッシュならいつまでも飲めるはずです。酸味があるほうが、飲み疲れしない。

私自身、ワインを1本空けるより、日本酒の4合瓶を1本空けるほうが体力を使う感覚があります。途中で違うものを飲みたくなる。

レストランではワインを1本、ボトルで入れるのが普通です。でも、どんな日本料理店でも、4号瓶を1本入れるような提供の仕方はしていない。さまざまな種類の日本酒を、グラスや銚子でちょっとずつ提供する形になっている。これは日本酒の「飲み飽きする」性質から生まれてきた習慣なのかもしれません。

でも、飲み物に酸味があるのは、いいことばかりではありません。酸味の強いワインだと、ときに料理の邪魔をしてしまうのです。旨味成分の多い食材と合わせたときに、不快な苦味やえぐみに変わることがある。魚卵や海藻類、貝類など、旨味の多い食材は、ワインと合わせると苦く感じてしまう。

それに対して、日本酒は酸味が弱いので、どんな料理にも合わせることができます。食中酒という観点で見れば、ワインより日本酒のほうがオールマイティに使えるのです。旨味のある日本酒なら、魚卵や海藻類や貝類ともマッチします。

どんな日本酒にも旨味はあります。でも、それを感じやすいものと、感じにくいものがある。その違いは何かといえば、旨味以外の要素が強いかどうかです。酸味が際立ったお酒や、甘味が際立ったお酒では、旨味を感じにくくなる。

篠峯は「旨味と酸味のバランスがちょうどいい」と書きましたが、旨味をしっかり感じられる程度の酸味だということです。心地いい酸味はあるけれど、旨味のほうもしっかり感じられる。こういうお酒は料理に合わせやすいのです。

がっぷり四つか、相手をいなすか

篠峯は酸味、旨味、コクがしっかり感じられる点で、食中酒に向いたお酒だと思います。この旨味なら、どんな料理にも合わせていける。料理に負けない強さがある一方、料理の邪魔をするほど香りが立っていない。

前章でも少し触れましたが、料理とお酒のペアリングには2種類あります。料理とがっぷり四つに組んで真っ向勝負するか、相手をいなすかです。

篠峯のように、料理とがっぷり四つに組んでも負けないお酒は、似たような風味の料理にぶつけていけばいい。

一方、主役を料理に譲って、お酒が寄り添う役割をするものもあります。④加賀鳶のようにキレがいいお酒であれば、料理の余韻をスパッと切ってくれます。

いろんな寿司ネタを食べるとき、緑茶を飲むと、口のなかがリセットされますが、それと同じ効果が期待できるのです。口のなかがさっぱりすると、また次のネタが食べたくなる。こういうリセット感覚は、日本人が非常に好む食習慣のひとつだと思います。

第6章で見るアル添酒も同じです。大吟醸でも吟醸でも本醸造でも、基本的にキレがいいので、オールマイティな食中酒として使えます。典型的な、相手をいなすタイプのお酒といえます。

香りが強すぎるお酒は料理を圧倒してしまうので、横軸より下のもののほうが食中酒には向いている。そのうち、相手とがっぷり四つに組むのが醇酒、相手をいなすのが爽酒、というイメージでいいのではないでしょうか。

篠峯は相手とがっぷり四つに組むタイプ。だから、このお酒の特徴であるテクスチャー、つまりとろみと合わせることにしましょう。

お酒が造られている御所市の名産は山芋。生のまま短冊切りにしてもおいしいのですが、より粘りを出すため、すりおろしたほうがいい。炊きたてのご飯に、すりおろした山芋をかけ、卵黄をのせる。最高なペアリングです。

数年前から山芋鍋がちょっとしたブームになっています。すりおろした山芋を鍋に入れる。

具には豚肉を使うことが多いのですが、豚肉は旨味成分が多い。旨味とコクのある篠峯にはピッタリの鍋だと思います。旨味同士で相乗効果が生まれる。

納豆のようなネバネバ感に合わせるのは難しいと思います。それでも、山芋のような粘りに合う日本酒があるというのは、驚きではないでしょうか。

香りは低いが味わいは力強い

さあ、⑧ワンカップ大関です。ワンカップ大関にはいくつもの種類がありますが、これはもっともオーソドックスなタイプの普通酒ですね。

香りをかいでみましょう。香りのトーンとしては低い。ここまで飲んだ8本のなかでは、もっとも香りが低いと思います。⑦篠峯にもあった、シロップのような甘い香りがします。それ以外はアルコールの香りがあるぐらい。非常にシンプルです。

口に含んでみます。余韻が短い。スパッと切れます。お米の甘味を少し感じますが、アタックのキレがいい。アルコールからくるシャープさがある。④加賀鳶のようにキレッキレではないものの、これも辛口と呼んでいいお酒だと思います。

でも、意外と味わいにボリューム感があると感じませんか？　アタックはすっきりしているのに、味が口のなかに残る。香りにボリューム感がなかったので、味わいにボリューム感があるのは予想外な感じです。味わいが力強い。

おだやかな酸味と、ほんのり感じる旨味のバランスがすごくいい。灘の酒の底力を思い知らされます。このクオリティのものが240円で買えるなんて、コスト面にいたるまで大手メーカーならではの工夫がこらされているのでしょう。

普通酒といっても、非常に上品に仕上がっています。改めて飲むと、素晴らしいお酒です。普通酒に偏見のある方には、ぜひこのバランスのよさを体験してもらいたい。「60年も前に生まれた商品だ」と思われるかもしれませんが、このクリアさとシャープさは、むしろいまの時代に向いていると思います。

座標軸にプロットします。ここまでの8本ではもっとも香りのトーンが低い。それでいて、味わいはしっかりしています。爽酒に分類されると思いますが、かなり醇酒に寄せたところに置きましょう（85ページ）。

西日本エリアのお酒なのに醇酒に分類されないのは、加水の多い普通酒だからです。加水が多いぶん、味わいとしては淡くなっている。ただ、爽酒のなかで比べると、東日本エリアの④加賀鳶より、かなり味が濃い寄りになっている。パワフルにはなっているのです。

つまみはできるだけシンプルに

こういうキレがあってすっきりしたお酒は、疲れた日に飲むと頭が休まります。香りや味わいにボリューム感のあるお酒はたしかにおいしいけれど、いろいろと考えてしまう。「今日は朝から晩まで働いてヘトヘトだ。もう何も考えず、1杯だけ飲んで眠りたい」なんて日には、ワンカップ大関がピッタリです。

つまみもシンプルなものがいいと思います。最近のコンビニはナッツ類が充実していますよね。素焼きにして味のついていないアーモンドやクルミなんかが、どこでも普通に買えるようになった。

私はよくオーガニック系のナッツとワンカップ大関をコンビニで買って、それだけで飲みます。主張がひかえめな爽酒だけに、ナッツの味をいつも以上に感じることができる。普通酒とオーガニックの組み合わせが面白い。

料理するにしても、シンプルなほうが合う気がします。ワンカップ大関が造られている西宮市はスイートコーンが名産だそうです。コーンをバターでソテーして、ちょっと醤油をかける。それで十分です。

コーンをマヨネーズで和えて、食パンに塗り、トースターで焼いてもいい。

マグロのブツなんかもいいでしょう。カツオやマグロの赤身は、旨味は強いものの、血合いの部分に癖があるので、普通は日本酒と合わせにくいのです。ワンカップ大関ぐらい辛口なら、魚の臭みをスパッと切ってくれます。

⑦篠峯に納豆の粘りは難しい気がしましたが、ワンカップ大関ならいけるかもしれません。オクラ納豆、イカ納豆のネバネバも、スパッと切ってくれる。口のなかを洗ってくれるような役割を果たすのです。

ポテトチップみたいなスナック菓子と合わせるのもいい。コンビニの店頭で売っているフライドポテトもいいと思います。サクサクした食感と、キレのいいお酒は相性がいい。

とにかくシンプルなつまみのほうがいいのです。「今日はヘトヘトになるまで働いた。明日も頑張ろう！」と、サッと飲んで寝る。そんなシチュエーションにピッタリのお酒だと思います。

こういうお酒がいいのは、温度が上がっても風味が変わらないこと。お燗にするとキレはよくなりますが、味の印象は変わらない。だったら、冷たいまま飲むより、体にやさしいお燗にする。疲れた体に流し込んで、サッと寝る。ときにはそういう楽しみ方があってもいいと思うのです。特定名称酒だけが日本酒ではありません。

「生」とつくものは3種類ある

次は⑨ワンカップ大関の純米・生貯蔵です。ワンカップ大関のシリーズからはいろんなタイプが出ていますが、これは純米酒タイプですね。

「生貯蔵」という新しい用語が出てきたので、まずは説明しておきましょう。

酒蔵がイメージしたところまでアルコール発酵が進むと、もろみを搾ってお酒にします。しかし、そのお酒をそのまま放置すると、酵母が働き続けて発酵がさらに進んでしまいますし、酵素が働き続けることで風味も変わってしまいます。場合によっては雑菌が繁殖してしまうことだってある。

そこで、お酒に「火入れ」をして、酵母や酵素、雑菌の活動を止めるのです。火入れといっても、グツグツ煮沸するわけではありません。パスチャライズド牛乳みたいに60~65度で低温殺菌する。

一般的には、搾ったお酒をタンクで貯蔵する前に1回、瓶詰めして出荷する前に1回、合計2回の火入れをします。ラベルに特に「生」と書かれていないお酒は、このパターンで2回火入れしていると考えていいでしょう。

一方、まったく火入れをせずに出荷されるものもあります。ラベルに「生」とか「本生」とか表示されているお酒で、「生酒」と呼ばれます。

ただ、火入れゼロだと管理が大変ですし、長く貯蔵できないので出荷時期も限られてしまう。酒屋さんにおろしてからも、冷蔵管理が不可欠になる。いまのように冷蔵設備がない時代は、酒造りシーズン中の酒蔵でしか飲めない存在が生酒でした。

そこで、1回だけ火入れするお酒もあります。

1回火入れのお酒には2パターンあります。火入れせずに生のまま貯蔵するけれど、出荷前に火入れをするものが「生貯蔵酒」です。逆に、貯蔵前の火入れはやるけれど、出荷前の火入れはやらないものが「生詰め酒」。

ヤヤコシイことに「生」がつくものが3種類あるわけですが、搾りたてのお酒のようなフレッシュさが魅力です。風味に躍動感がある。より搾りたてに近いものが生酒、次が生貯蔵酒です。生詰め酒は貯蔵前に酵母の活動を止めてしまうわけで、フレッシュさを味わうものとは目的が違う気がします。

ただ、この生詰め酒、熟成することですごくおいしくなるのです。夏を越して、秋になったあたりから、香りに暴れている印象がなくなり、味わいも角（かど）がとれてくる。旨味、甘味、酸味といった要素のバランスがとれる。生詰め酒を寝かせて秋に出荷するものは「ひやおろし」と呼ばれます。

なお、「ひやおろし」という言葉と、「秋あがり」という言葉が混同されることも多いのですが、ひやおろしというのは、秋に出荷する生詰め酒のこと。秋あがりというのは、秋になってお酒が円熟した状態になることを指しています。

生貯蔵酒ならではの躍動感がある

⑨ワンカップ大関・純米は生貯蔵酒ですから、火入れせず生のままタンクで貯蔵したものを、出荷前に1回だけ火入れしているわけです。搾りたてのお酒にかなり近い酒質と予想していいでしょう。

香りをかいでみます。なんとも生らしい印象です。フレッシュな感じはありますが、荒々しいともいえます。香りが暴れ回っていて、少なくとも繊細な印象ではない。

フルーツのような香りはありません。お米の研ぎ汁のような香りは感じます。お米の香りのなかでも、かなりボリューム感は低いほうだということです。甘味を連想させる香りもあります。

アルコールの香りは、⑧ワンカップ大関よりかなり強い。アルコール度数は16度だから、これまで飲んできたものと変わりません。本当はすべてのお酒にアルコールの香りはあるはずですが、さまざまな香りがそれを覆い隠している。このお酒は香りの要素が少ないぶん、アルコール感が前面に出てきているわけです。

私が買ったものがたまたまそうだったのかもしれませんが、生のお酒特有の「生老香(なまひねか)」も感じます。ちょっと熟成酒っぽい香り。常温で長いあいだ陳列しているうち、少し劣化してしまったのかもしれません。生のお酒は管理が本当に難しい。理想をいえば、コンビニでもすべて冷蔵保存してほしいぐらいなのです。

口に含んでみます。味わいがあって、コクもある。中盤から後半にかけて酸味が押し寄せてきます。香りに酸味の要素はなかったのですが、味わいには「微発泡か」と思うほどの酸味が感じられます。

酸味のあとに甘味がきて、次に苦味がやってきます。特に後半はかなり苦く感じると思います。非常に忙しい。この暴れている印象こそ、生のお酒の特徴です。さまざまな要素がそれぞれに主張していて、まだハーモニーを奏でるところまでいっていない。こうした元気いっぱいさを味わうのが、生のお酒の楽しみ方なのです。

特定名称酒ですから、ラベルに精米歩合が明記されています。73%というのは、ここまでの9本でもっともお酒を磨いていない。ここまで磨かずに、しかも1回しか火入れをしないと、これぐらい暴れた印象になるのだと思います。

座標軸にプロットしましょう。香りとしては、同レベルにお米を磨いていない⑥泉橋より、少し低いぐらい。味わいは少し淡いぐらいの位置（85ページ）。

こういう忙しいお酒は料理とのペアリングが難しい。酸味と苦味を感じるということで、ゴーヤーなんかがいいと思います。炒めてゴーヤーチャンプルにするのではなく、生のままスライスし、塩もみしたゴーヤー。野菜の苦味とえぐみがマッチするはずです。セロリの浅漬けなんかもいいでしょう。

苦味は強くても旨味が強い食材、例えばアサリとかハマグリ、魚の内臓などは、難しいかもしれません。お酒の旨味が強いとはいえないし、生貯蔵酒ならではのアルコールの香りが喧嘩してしまうと思います。

2――Eエリア「⑩石鎚と⑪貴」

香りは繊細なのに、味わいはパワフル

Eエリアに入ります。中国地方と四国からなるエリアです。お米をたくさん磨いた吟醸系グループからは愛媛県の⑩「石鎚(いしづち)　純米吟醸」を、お米をあまり磨かない非吟醸系グループからは山口県の⑪「貴(たか)　特別純米」をチョイスしました。

前作では、Dエリアで味わいに複雑味を感じても、まだ香りには感じなかった。Eエリアに入ったところで香りにも複雑味を感じ始め、Fエリアでは味わい・香りのどちらにもしっ

かり感じられるようになった。今回はどうでしょうか？

この色調に注目してください。Dエリアより、さらに色が濃くなっているのがわかると思います。どちらも明らかに黄色味が強くなっていますね。

石鎚酒造では「槽搾り」をしているそうです。槽搾りは伝統的な搾り方で、もろみを布の袋に入れて積み重ねることで、重力の力でお酒を搾り出す。機械で強引にプレスしないので、きれいな部分だけが出てくる。いわば雑味の出にくい搾り方なのです。なおかつ、石鎚はお米をたくさん磨いた純米吟醸タイプです。それでこんなに黄色くなるわけですから、Eエリアに入ったことが誰でも実感できると思います。

⑩石鎚の香りをかいでみます。フルーツのような香りが上がってきます。といってもバナナのような濃厚な香りではなく、水分量の多い洋ナシとか和ナシのような、繊細な香りです。お米の香りもしっかり感じられます。つきたてのお餅のような香り。お米の香りとしてはかなりボリューム感があるということです。

なんとも上品で、やさしい香りです。香りのボリュームとしては中程度で、東日本エリアほど香り高いわけではないのですが、香りに品がある。

口に含んでみます。力強い。ここまで飲んだ10本のなかで、味わいはもっともパワフルだと思います。麹米に山田錦というパワフルな酒米を使っていることがストレートに出ているのでしょう。

最初に酸味を感じますが、それがスッと消えて、甘味と旨味が押し寄せてきます。それが口のなかでずっと続く。余韻が長い。とろりとしたコクもある。

香りはあんなに繊細だったのに、味わいにはものすごくボリューム感があります。特に旨味がすごく強い。酸味と甘味と旨味のバランスがよく、素晴らしいお酒です。

なぜ温かいパイナップルなのか

石鎚と合わせるのは、パイナップルの入った酢豚で決まりでしょう。豚肉の旨味、パイナップルやトマトケチャップの酸味や甘味が、お酒と相性バッチリなのです。ソースにちょっととろみがあることも、お酒のテクスチャーとマッチします。

香りにフルーツのニュアンスがあることからこの料理を連想したわけですが、だからといって①上喜元のようにフルーツそのものとは合わせにくい。お酒の旨味が強く、コクもある

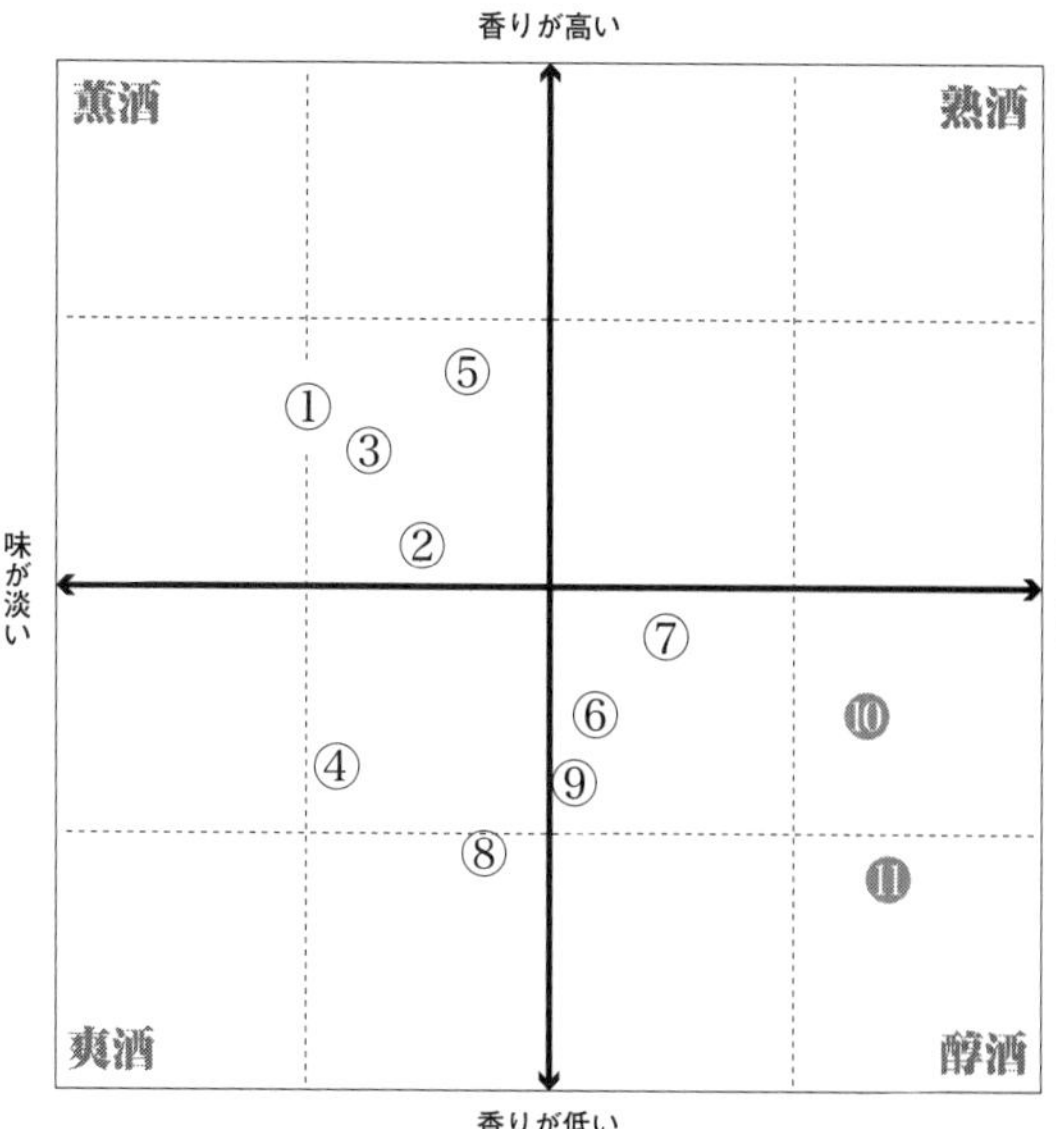

ので、フルーツを圧倒してしまうはず。

だから、フルーツで合わせるのであれば、温めたパイナップルではどうか、と考えたわけです。お酒の旨味の部分は、豚肉の旨味が対抗してくれる。

味を濃縮したドライフルーツでもいいと思います。レーズンの入ったパウンドケーキなら合う。洋酒に漬け込んだドライフルーツを使ったお菓子もいけます。

座標軸です。香りは非常に繊

細で、フルーツの華やかな香りが全面展開しているわけではないので、横軸より下でしょう。味わいはここまででもっとも濃いので、このあたり。お米をたくさん磨いた純米吟醸タイプなのに醇酒に分類されるあたり、西日本エリアの特徴が如実に出ていると思います。

味わいのボリューム感がハンパない

次に⑪貴の特別純米です。

精米歩合60％ですから、純米吟醸タイプを名乗っていいスペックなのです。では、どうして特別純米酒タイプを名乗っているのか？　②南部美人のときと同様、香りをかいでみると、すぐ理解できます。

フルーツやお花のような香りを感じません。スパイスのような香りもない。お米の香りもあんまり感じません。お煎餅っぽい香りが少しするぐらいでしょうか。スモークしたような香りと、漬物っぽい香りもします。非常にシンプルな香りです。なおかつ、香りの強弱でいうと、かなり弱い。

純米吟醸を名乗ってしまうと、消費者はフルーツのような吟醸香をイメージしますから、期待を裏切ることになる。だから特別純米酒としたのでしょう。香りを出す酵母の開発が進み、いまや吟醸香を出すのは難しいことではありません。食中酒として楽しめるよう、あえて香りが主張しないお酒にしたのだと思います。

口に含んでみます。相当、パワフルです。香りがあんなにシンプルだったのに、味わいのボリューム感がハンパない。甘味も旨味もコクもものすごく強くて、お米の味わいをしっかり感じます。余韻も長い。少し苦味も感じます。旨味と甘味と苦味のバランスがすごくいいのです。本当においしい。

ぬる燗ぐらいにすると、お米の味わいが、よりふっくらした印象になると思います。余韻もさらに長くなって、究極の旨味を感じられるでしょう。確実においしくなる。食中酒にピッタリだと思います。

白身魚のカマボコで飲む

貴は香りが低く味わいが濃いので、当然、醇酒です。醇酒のなかの醇酒といっていい。

座標軸にプロットするなら、香りはこれまででもっとも低く、味わいはこれまででもっとも濃いところ。このあたりです（１０３ページ）。Ｅエリアに入って、かなり右下のほうへ寄ってきたことがわかると思います。やはり南に行くほどパワフルになる。

貴が造られている宇部市は、車エビやワタリガニ、フグといった海産物が有名です。旅先で楽しむのであれば、白身魚のカマボコをかじりながら貴を飲む。至福の時間が過ごせるはずです。

お米の味わいを楽しむという意味では、雑炊もいい。フグの雑炊なんかどうでしょう。フグは鍋そのものより、雑炊のほうを楽しみにしている人は多いですよね。そんな人にはピッタリのお酒です。

漬物っぽいニュアンスと合わせるなら、キムチを使ったビビンバもいい。私がおすすめしたいのは海鮮チャーハンです。チャーシューを使った五目チャーハンではなく、魚介類を使った海鮮チャーハンが最高に合うと思います。

焼きうどんとか、塩でシンプルに味つけしただけの焼きそばもいいですね。蕎麦よりは、うどんでしょう。

より純粋なお米の風味を楽しむために、お米は磨きたい。でも、厚化粧の吟醸香はなるべくつけたくない。そう設計して、香りが出ない酵母を使い、ここまで旨味のしっかりした特別純米酒を造りあげた。しかも、それをカップ酒で提供している。こんなに高クオリティのものが320円もしないのです。貴、すごいなと思います。

3――Fエリア「⑫天吹と⑬鷹来屋」

あまり体験したことのない風味

ついに最後のFエリアにやってきました。九州です。南九州は焼酎文化圏になりますので、今回も北九州から選びました。

お米をたくさん磨いた吟醸系グループからは佐賀県の⑫「天吹（あまぶき）　純米吟醸　ひまわり酵母」を、お米をあまり磨かない非吟醸系グループからは大分県の⑬「鷹来屋（たかきや）　特別純米酒　手造り槽しぼり」をチョイスしました。

まずは色調です。どちらも、かなり黄色い。まあ、レベル的にはＥエリアとさほど変わらないのですが、ＥＦエリアまでやってくると、色調においても雑味が実感できることは確認できました。

⑫天吹の香りをかいでみます。ひまわり酵母を使っているので、⑤来福のときのようなお花の香りがするかと思いきや、意外に花酵母感はありません。

お米をたくさん磨いた純米吟醸タイプで、精米歩合は55％ですが、フルーツの香りはありません。お米の香りはあります。生のお米の香り。お米の香りのボリュームとしてはもっとも低いレベルということです。

少し甘い香りがあります。これがひまわり酵母に由来するものなのでしょうか？　でも、ほぼお米の香りだけ。非常にシンプルな香りといえます。

口に含んでみます。これは個性的ですねえ。酸味と甘味しか感じません。まず甘味がくるのですが、お米の甘味ではありません。かといってフルーツの甘味でもない。水あめのような甘味です。旨味はあまり感じられない。余韻は短めです。

酸味が強いことが特徴的です。甘味をきつく感じないのは、この酸があるからです。酸味があると、味わいがダレない。すっきりした印象になります。

Fエリアのお酒なのに、風味にあまり雑味を感じません。でも、すっきりしているからエレガントかといったら、AエリアやBエリアのエレガントさとは印象が違う。コクもあるため、すっきりはしていても、みずみずしい感じではないのです。

ピュアだけれど、骨格は非常にしっかりしています。線が細いように見えて、口のなかにちゃんと味が残る。その点では力強い。エレガントかパワフルかの二択で聞かれたら、間違いなくパワフルです。

これだけ酸味があるのに、すごくバランスがとれています。あまり飲んだことのない種類のお酒です。ちょっと時間を置いてみましょう……。

あっ。少し温度が上がると、旨味をちゃんと感じるようになってきました。酸味と甘味を感じたあとで、強くはないものの旨味が押し寄せてきます。最後にアルコールの苦味も感じるようになりました。ちょっとずつ味わいにボリューム感が出てきた。引き締まった印象が変わらないのは、酸味があるからでしょう。

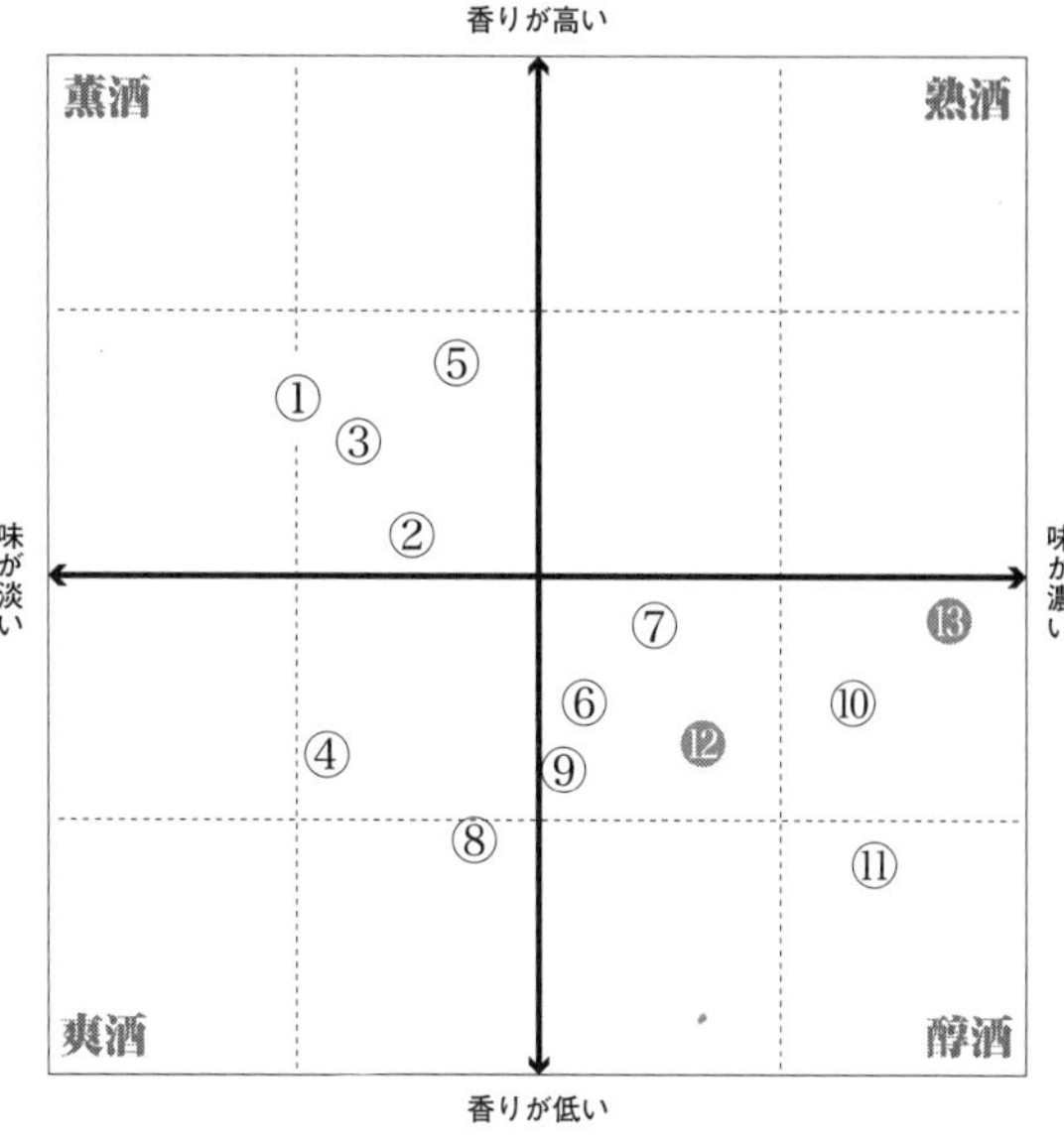

食材そのものが甘いステーキで

座標軸にプロットしましょう。香りのボリュームは低い。香りがシンプルで複雑味がないので、④加賀鳶や⑨ワンカップ大関・純米ぐらいの位置でしょう。味わいとしては、⑦篠峯より少しだけ濃い。だから、このぐらいの位置だと思います。醇酒ではありますが、すっきりした印象もあるので、爽酒寄りの醇酒です。

そうはいっても九州のお酒です。味が淡いという風には表現できない。⑥泉橋や⑦篠峯は味が濃いように感じましたが、そこまで味の淡いものばかり飲んできたからです。天吹のあとで泉橋や篠峯を飲んでみれば、少し淡く感じるはずです。天吹が造られている佐賀県の名産でいうなら、上品な脂ののった佐賀牛なんか合うと思います。ただし、グリルしないで、鉄板で焼いてほしい。グリルすると、スモーキーな香りがついてしまう。ひまわり酵母由来の繊細な香りが負けてしまいます。

味つけもシンプルに塩胡椒だけがいい。九州では甘味料の入った甘口醤油を使いますが、少しなら使ってもいいと思います。お酒の甘味とマッチするでしょう。

前作で解説しましたが、ステーキには赤ワインというのが世の常識ですが、日本酒のほうが圧倒的に合うと思います。脂は甘いので、甘い日本酒を合わせる。一方、辛口の日本酒で脂を切るという手もある。がっぷり四つか、相手をいなすか。天吹はがっぷり四つに組むタイプのペアリングということです。

ポイントは、甘味のあるお酒だといっても、強い甘味ではないので、料理の味つけを濃くしないこと。食材そのものに甘味があるほうがいいのです。だから、牛肉の脂の甘味と合わせていく。

豚の角煮のような濃い料理だと、お酒が負けてしまう。とんこつラーメンよりは、塩ラーメンを合わせたい。

ジビエにしても、臭みのないウズラなんかがいい。臭みのないブランド鶏を使って、味の濃くない親子丼を作ったりすれば、合うと思います。

お酒を「食べている」ような印象

さて、ついに最後の1本、⑬鷹来屋にきました。特別純米酒タイプですが、精米歩合は55%と、⑫天吹と同じ。純米吟醸を名乗っておかしくないスペックだということです。

これも⑩石鎚と同じく、槽搾りですね。その影響が香りに出ています。シイタケのような香りや、醤油っぽい香りがあると思います。熟成したようなニュアンスの香りです。槽搾りは重力まかせですから、搾るのに時間がかかる。空気と触れている時間がどうしても長くなるので、酸化してこういう香りが出てくるのです。とはいえ、悪い意味での雑味感はまったくありません。

フルーツの香りはしません。お米の香りとしては、炊いたご飯の香り。といっても、炊きたてではなく、おひつに移して温度が下がり、湯気が出ない程度まで冷えたご飯の香りです。非常に落ち着いている。

⑨ワンカップ大関・純米の暴れた印象と比べると真逆です。あれには躍動感がありましたが、こちらは潑剌とした感じがない。落ち着いています。

口に含んでみましょう。味わいのボリューム感がすごいですね。酸味を感じたあと、旨味が押し寄せてきます。後半は苦味も感じます。綿あめのような、やさしい甘味もありますね。お米の旨味がしっかり感じられます。余韻も長い。

コクもしっかりあるので、「飲んでいる」というより「食べている」感覚になります。噛みたくなる感じ。相当パワフルなお酒です。最後の最後で、もっとも味わいの濃いお酒が登場してきました。

口に含んだときに、風味が球体のように全方向へ広がっていく感じがわかるでしょうか。ABエリアのエレガントなお酒は、線が細くて、風味が縦に長く伸びていくような印象があったのと対照的です。風味の広がっていき方がパワフルだから、「食べている」ような印象になるわけです。

ジャガイモよりはサツマイモ

座標軸にプロットしましょう。華やかな香りはないものの、香りもけっこうなボリューム感です。横軸の少し下、⑦篠峯ぐらいはあると思います。味わいについては、もう文句なく、これまでで最高のレベルなので、右端に近いあたり（111ページ）。

Eエリアの⑩石鎚や⑪貴も味わいが濃いと感じましたが、飲み比べれば、鷹来屋のほうが明らかに濃い。さすが九州のお酒です。非常にパワフル。最後にキャラクターが明確なお酒が登場して、ちょっとホッとしました。

⑧ワンカップ大関はシャープでキレがあって、味わいも淡いので、何も考えずに飲めました。料理も深く考えなくてよかった。でも、鷹来屋はそういうわけにいきません。すごくパワフルなので、料理を考えないといけない。飲むのに体力がいります。

ワンカップ大関はポテトチップスでもOKでしたが、鷹来屋にスナック菓子は合わない。ジャガイモというよりサツマイモです。サツマイモは大分県の名産でもあるので、天ぷらにして食べるのはどうでしょうか。芋の甘味がマッチすると思います。

お菓子系でいくなら、大学芋もいい。蜜の甘味に、このお酒は負けません。乾燥させたサツマイモであれば、芋けんぴも合うでしょう。

これも九州の甘口醤油が合うと思います。九州では馬刺しを甘口醤油で味わいますが、あの組み合わせに、このお酒なら負けないと思います。

うーん。このパワフルさを味わっていると、「九州までやってきたなあ」と実感します。旅の終点に近づいた感じがある。

13本のカップ酒をテイスティングしてきましたが、こんなにバラエティに富んだ酒質をカップ酒だけで飲み比べられるなんて、想像できましたか？　私にとっても驚きでした。

この価値はもっと認められるべきですし、空港の免税店に「地酒カップ飲み比べセット」を並べれば、もっともっと外国人の日本酒ファンを増やせるのになあ、と悔しく思います。

「南に行くほど味が濃い」結果が出た

カップ酒13本のテイスティングが終わりました。座標軸にプロットされたものを見てみましょう（111ページ）。

まず気がつくのは、西日本エリアのお酒はすべて、横軸より下にプロットされたこと。香りが低い側なのです。さらにいえば、西日本エリアのお酒は、⑧ワンカップ大関を除き、すべて醇酒に入ることになりました。

お米をあまり磨かない非吟醸系グループの３本（⑨ワンカップ大関・純米、⑪貴、⑬鷹来屋）が醇酒に入るのはわかるのです。エリアがパワフルで、タイプもパワフルですから、パワフル×パワフルでパワフルになるのは当然でしょう。

でも、お米をたくさん磨いた吟醸系グループの３本（⑦篠峯、⑩石鎚、⑫天吹）のほうも、すべて醇酒に入っています。エリアがパワフル、タイプがエレガントですから、もっと違う結果になってもよかった。ただ、大きな傾向としては、西日本エリアの特徴が出ていると思います。

西日本エリアのなかで比べてみましょう。非吟醸系グループの４本は、⑧ワンカップ大関、⑨ワンカップ大関・純米、⑪貴、⑬鷹来屋と、南に行くほど「味が濃い」側へプロットされています。もちろん例外もあるのですが、今回に関しては「南のエリアになるほど味わいが濃くなる」が実証できた。

吟醸系グループの3本のほうは、⑦篠峯、⑫天吹、⑩石鎚の順に味が濃くなった。Eエリアと F エリアの順番が逆になっていますが、これも検証数を増やせば、D→E→Fの順番で味が濃くなる傾向が見えるはずです。

一方、東日本エリアのお酒は、大半が縦軸の左側にプロットされました。やっぱり味わいが淡い側なのです。

薫酒のところに、東日本エリアのお酒しか入らなかったのも、偶然ではありません。もちろん例外はありますが、大きな傾向としては「北のエリアになるほど香りは高く、味わいは淡い」といえる。

第1章でふたつの傾向を解説しました。

エリアについては——。

◎東日本エリアのほうが香りは高く、味わいは淡い（エレガント）
◎西日本エリアのほうが香りは低く、味わいは濃い（パワフル）

タイプについては——。

◎お米をたくさん磨いた吟醸系グループのほうが香りは高く、味わいは淡い（エレガント）
◎お米をあまり磨かない非吟醸系グループのほうが香りは低く、味わいは濃い（パワフル）

本当にザックリとした法則ではあるのですが、実証に耐えるレベルの法則であることを実感していただけたと思います。

一緒にテイスティングされた方は、「西日本編のほうが体力を使った」と感じたかもしれません。そう、パワフルなお酒のほうが飲み疲れするのです。でも、食中酒として見た場合、料理に負けない力強さがあるので、さまざまなものとペアリングできる。日本酒の魅力はピュアさだけではないのです。

これで基本編は終わりです。次章からは四つのテーマ別に、もう少し掘り下げていくこととしましょう。

第　4　章

スパークリング日本酒

シャンパーニュよりも食中酒に向く理由

広義のタイプからスタートしていく

ここからはテーマ別に深掘りしていきましょう。各章で4本ずつ、4合瓶のテイスティングをおこないます。

各章の四つのテーマは、広義のタイプに相当します。この章でいえば、「発泡している日本酒」というタイプを扱うと考えてください。

ここまでは特定名称のことをタイプと呼んできました。以下の4章では、もうちょっと大きなくくりでタイプを考えるということです。

実際にお店に行ったとき、大きなタイプで「今日はスパークリングにしようかな」と、まずは在庫を見渡す。そして、「スパークリングのなかの、純米大吟醸にしようかなあ。それとも純米吟醸にしようかなあ」と、狭義のタイプで1本を絞り込んでいく。お店によってはスパークリングのコーナーを作ってくれているところもあるので、広義のタイプからスタートするほうが効率はいいわけです。

狭義のタイプの風味の違いについては、ここまでさんざん解説してきました。次のステップとして、広義のタイプの解説に移りたい。

こうした広義のタイプについても「エリアとタイプだけを見よ」が通用するのでしょうか。一緒に飲んで、確認していきましょう。

なお、第4章から第6章までのお酒を購入したのは、「いまでや（千葉市中央区）」さん。本店は千葉市にある酒販店ですが、銀座や錦糸町にも店舗をかまえており、私もよく利用しています。オンラインショップの品揃えも豊富です。

やはり品揃えの多いお店で買うほうが、飲み比べのときは便利なのです。1軒でそろうのであれば、交通費や配送費も節約できる。一度チェックしてみてください。

乾杯はスパークリング日本酒で

この章で扱うのはスパークリング日本酒。近年の日本酒業界でもっとも盛り上がっているトレンドのひとつです。

2013年に京都府で「最初の乾杯は日本酒でやろう」という条例が施行されたことは、記憶に新しいと思います。その後、同じ趣旨の条例が、全国各地の自治体で次々と制定されました。

さらにここ数年、乾杯に使う日本酒はスパークリング日本酒にしようという動きが生まれている。スパークリング日本酒の普及のために「ａｗａ酒協会」が設立されたのは２０１７年。各地の酒蔵もスパークリング日本酒に力を入れ始めた。つまり、もっともホットなテーマだということです。

たしかに1杯目に日本酒を飲むと、2杯目も日本酒を選びたくなる。日本酒の世界を盛り上げていく意味で、私もスパークリング日本酒で乾杯するという提案に賛同します。居酒屋や家庭でお酒を飲むとき、たいていの人はビールから始めると思いますが、その一部でもスパークリング日本酒に置き換わってほしい。

この「乾杯はスパークリング日本酒で」という発想は、シャンパーニュを念頭に置いて生まれてきたものでしょう。乾杯酒の代名詞といえるのがシャンパーニュです。日本はもちろん、世界中でこんなに乾杯に使われているお酒はありません。

しかし、シャンパーニュとスパークリング日本酒は、性格がまったく違います。当然ながら楽しみ方も変わってくる。そこで、スパークリング日本酒はシャンパーニュとどう違うのか、という話から始めたいと思います。

シャンパーニュと何が違うのか

スパークリングワイン全般のことをシャンパンと呼ぶ人を見かけますが、それは誤解です。世界にあまたあるスパークリングワインのうち、フランスのシャンパーニュ地方で造られたものしかシャンパーニュを名乗れません。

フランスの北方に位置するシャンパーニュ地方は、気候が冷涼で、決してブドウ栽培に適した土地とはいえません。糖度は低く、酸度が高いブドウしかできないので、それを発酵させてワインにするのも難しいのです。

そんな土地でいかにおいしいワインを造るか。ドン・ペリニヨン修道士がたどりついたのが瓶内二次発酵という製法でした。一気に発酵を進めるのは難しいので、瓶詰めしたあとも酵母に発酵の仕事を続けてもらうことにした。

アルコール発酵が完全に終わっていない段階で瓶詰めしてしまうのです。その結果、発酵の過程で出てきた炭酸ガスが瓶に閉じ込められる形になる。こうして世にも珍しい発泡ワインが誕生したわけです。

シャンパーニュは低温でじっくり発酵させますから、非常にエレガントな酒質に仕上がります。これって、何かに似ていませんか？　そう、日本酒でいえばＡＢエリアのお酒をイメージしてもらえばいい。

エレガントなお酒よりはパワフルなお酒のほうが食事には合わせやすい、とくり返してきました。シャンパーニュというのは、乾杯酒には向いても、食中酒にはあまり向いていないお酒なのです（もちろん例外はあります）。

一方、スパークリング日本酒の酒質は、シャンパーニュとの比較でいえばパワフルです。食中酒としても活躍できる。この違いはすごく大きい。

よく「スパークリング日本酒はシャンパーニュと比べて泡が弱い」なんて文句をいう人がいるのですが、発泡の強い・弱いだけで語ってほしくありません。極端にいえば、泡が消えたあとも楽しめるのがスパークリング日本酒なのです。

乾杯のときだけでなく、食事の最初から最後まで楽しめる。シャンパーニュはよく冷えているほうがおいしいですが、スパークリング日本酒は温度が上がっても楽しめる。汎用性がはるかに高い。

日本酒の新しい世界をひらくものとして私も注目しています。一緒にテイスティングすれば、温度とともに表情が変化していくのを実感できると思います。

なぜ吟醸系グループだけなのか

スパークリング日本酒ブームの火付け役は、２０１１年に発売された宝酒造の「澪（みお）」。コンビニでも見かけると思いますが、大手メーカーならではの安さと安定した品質で、日本酒が苦手な若い女性にアピールした功績は大きいと思います。

その後、各地の蔵元が、より本格的なスパークリング日本酒を造り始め、今日のブームにいたります。

スパークリング日本酒の造り方には3種類あります。

まずは、シャンパーニュと同じ「瓶内二次発酵」方式。発酵が完全に終わるのを待たず、途中でもろみを搾って瓶詰めしてしまう。酵母は元気なままなので、その後も瓶内で発酵を続け、炭酸ガスを生み出します。

通常の造り方なら、発酵の過程で出てきた炭酸ガスは空気中に逃げていきます。早めに瓶詰めすることで、それを瓶内に閉じ込めているわけですね。

ふたつ目は「活性にごり」方式。昔からあるタイプのスパークリング日本酒です。目の粗い布で濾過するため固形分が多く残り、白くにごっている。だから「にごり」というネーミングなのです。

瓶内で発酵させる点は瓶内二次発酵方式と同じですが、活性にごりは発酵がほぼ終わった段階でもろみを搾って瓶詰めする。酵母の活動は最終段階に入っているため、瓶内二次発酵方式より発泡性は弱くなります。

三つ目は「炭酸ガス注入」方式。通常のやり方で日本酒を造ったあと、瓶詰めするときに炭酸ガスを注入する。炭酸飲料を作るのと同じやり方ですね。発酵は基本的に終わっているので、前2者より発泡性は弱いものの、安価に提供できる点にアドバンテージがある。澪はこのタイプです。

この本でテイスティングするのは、瓶内二次発酵と、活性にごりの2種類。ａｗａ酒協会は瓶内二次発酵で無色透明のものしか認定していませんが、私たち消費者がその定義にこだわる意味はないので、活性にごりもスパークリング日本酒として扱います。

　ちなみに、他の章ではすべて、吟醸系グループと非吟醸系グループの両方から取り上げていますが、この章だけは純米大吟醸タイプと純米吟醸タイプを2本ずつ。つまり、すべて吟醸系グループからのピックアップです。

　これは偶然ではなく、スパークリング日本酒には、お米をたくさん磨いた吟醸系グループのものが多いのです。消費者がスパークリングに何を求めるかといえば、清涼感です。お米の旨味を感じたいというより、華やかな風味を楽しみたい。そういう意味で吟醸系グループのほうが相性がいいのだと思います。

　また、泡が抜けないよう特殊なキャップを使う必要があり、冷蔵で保管する必要もありますから、スパークリング日本酒はコストがかかる。値段設定もそのぶん少し高めになります。比較的、安価なイメージをもたれている非吟醸系グループは、その点でもスパークリングに馴染まないのかもしれません。

1――純米吟醸タイプ「⑭ゆきの美人と⑮水芭蕉」

スクリューキャップとコルク栓

まずは吟醸系グループのなかではお米を磨いていないほう、純米吟醸タイプの2本を飲み比べましょう。

Aエリアから秋田県の⑭「ゆきの美人　純米吟醸　活性にごり」を、Cエリアから群馬県の⑮「水芭蕉　純米吟醸　辛口スパークリング」をチョイスしました。どちらも東日本エリアのお酒です。

キャップに注目してください。この2本はスクリューキャップです。あとで試飲する⑯紀土と⑰獺祭は、シャンパーニュと同じコルク栓です。

瓶内に炭酸ガスが閉じ込められて気圧が高まっているとき、どちらが耐えられるか？ コルク栓を使って針金で固定したもののほうです。つまり、店頭で2種類のキャップを見た段階で、コルク栓のほうは「泡立ちがすごいんだな」、スクリューキャップのほうは「やさしい泡立ちなんだな」と予想できるわけです。

スクリューキャップのスパークリングのほうが、にごり酒が多い印象があります。活性にごり方式のほうが瓶内二次発酵方式より発泡性が弱いからでしょう。

スパークリング日本酒は一気に抜栓すると、噴き出すことがあります。スクリューキャップがいいのは、ちょっとゆるめて、また閉めて、とくり返して、徐々に圧力を抜くことができる点。面倒くさいなんて思わずに、「まだ瓶のなかでお酒が生きているんだなあ」と感動しながら、キャップの開け閉めをくり返してください。

なお、スパークリング日本酒はよく冷やしておくのが基本です。そうしておけば噴き出すリスクは減る。テイスティングしているうちに徐々に温度が上がり、お酒の表情が変わっていくのも実感しやすくなります。

この2本はにごり酒なので、抜栓する前にボトルを上下にひっくり返して、澱（おり）が全体に混ざるようにしました。澱というのは、もろみの成分です。粗く濾過しただけなので、けっこう澱が混ざっており、それがにごりとなるのです。

ちなみに、私が個人的に飲むときはその作業をやりません。あえて澱を瓶の底に残して、前半は透明なお酒を、後半ににごり酒を楽しむようにしている。そのへんの楽しみ方は、人それぞれでいいと思います。

次章以降はワイングラスでテイスティングしますが、この章ではお猪口（ちょこ）を使います。澱がワイングラスに残ると美しくないからです。

シャンパーニュは細長いフルートグラスで飲むのが一般的ですが、澱がないからできること。グラスの底から1本の泡が長く立ち上る姿が美しく、外観でも楽しめるのです。活性にごりでこれをやると、ゴミのついたグラスのようになって美しくない。

スパークリング日本酒は外観を楽しむというより、あくまで香りと味わいを楽しむものだと考えてください。

炊きたてのご飯のような香り

まずは色調を見ましょう。どちらも、うっすら白くにごっています。澱が目で確認できるほどです。だから、にごり酒は「澱がらみ」とも呼ばれる。特に⑭ゆきの美人のほうが澱は粗いので、よりにごって見えます。⑮水芭蕉の澱は細かい。

まあ、もろみの成分をどれだけ残すかに左右されるので、エリアやタイプによる色調の変化については、あまり厳密に考えなくていいでしょう。

⑭ゆきの美人の香りをかいでみましょう。ものすごくやさしい香りですね。クリームチーズのような乳酸の香りと同時に、お米の香りも上がってきます。炊きたてのご飯のような香りですから、お米の香りとしては中程度のボリュームでしょうか。杏仁豆腐のような甘い香りもあります。

純米吟醸タイプなのに、フルーツの香りはほとんどしません。水分量の多い和ナシのような香りが少しあるぐらい。フルーツの華やかな香りよりも、お米の香りが感じられるよう、設計しているのでしょう。

口に含んでみます。パンと弾けるぐらいの泡の強さがあるのですが、泡の口当たりはやわらかい。抜栓するとき、あまりの勢いで泡が上がってくるので、「炭酸水ぐらいシュワシュワしているんじゃないか?」と心配になったかもしれませんが、実際に飲んでみると、すごくやさしい泡立ちで驚くはず。

お米のやさしい旨味と甘味のバランスがすごくいい。澱の多さと香りから、もっと甘味が強いかと思いきや、意外とすっきりしている。エレガントです。

甘味と同時に、酸味も感じます。飲み終わったあと、塩分のようなミネラルを感じると思います。それがこの銘柄の特徴です。口のなかが乾いたような感覚になる。ミネラル感があって、みずみずしさもある。

スパークリング日本酒は炭酸があるので、後味のキレがいい。甘味もスパッと切れます。この銘柄も辛口といっていいでしょう。④加賀鳶や⑧ワンカップ大関にあったようなアルコール感はなく、ドライという意味での辛口です。

アルコール度数は14・5度ですが、これは瓶詰めしたときの度数です。その後、瓶のなかで発酵は進みますから、実際はもっと高いはず（発酵が進んでいなければ、こんなに泡が出

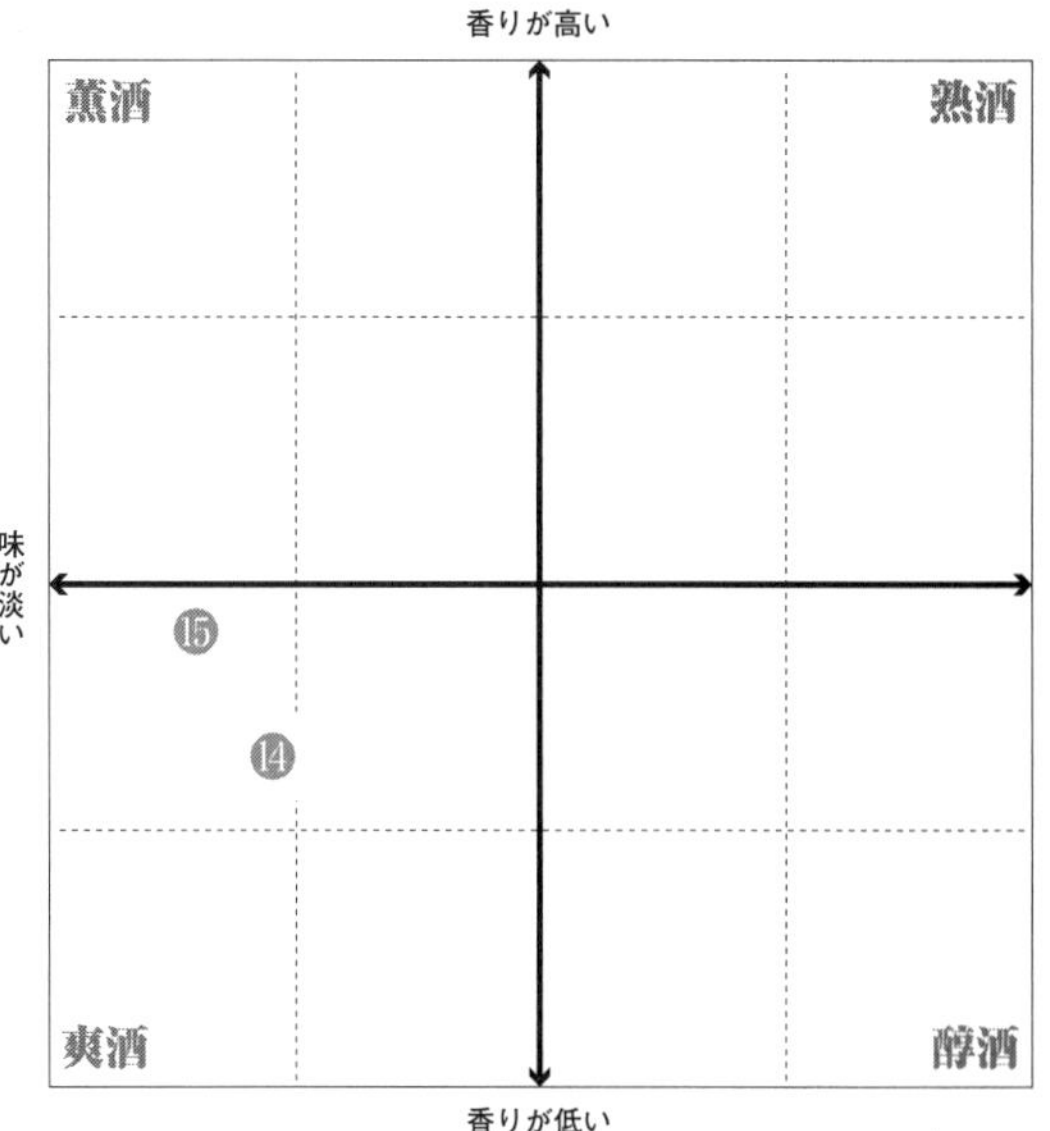

てこないわけで）。よく「スパークリング日本酒はアルコール度数が低い」という解説を見かけるのですが、ラベルだけを見て勘違いしないようお願いします。

座標軸にプロットしましょう。Aエリアの純米吟醸タイプですが、華やかな香りがあるわけではなかった。爽酒だと思います。お米の旨味を感じますが、やさしい印象で、決して味わいが濃いわけではない。そんなわけで、このあたりです。

寿司ネタの最初から最後までいける

お猪口に注いで10分も置いておいたら、泡立ちがほとんど消えてなくなるのが、スパークリング日本酒の特徴。シャンパーニュのように泡立ちがずっと続くことはありませんが、そういう性質のものではないのです。

スパークリング日本酒では、むしろ表情の変化を楽しみたい。抜栓したばかりのときは、泡立ちを味わう。泡が消えたあとは、お米のおいしさをじっくり味わう。泡があるときもないときも、ずっと楽しめるお酒なのです。風味がやさしいので、飲み飽きしない。料理なしにこれだけでも飲めそうな感じです。

泡が消えると、普通においしいにごり酒として楽しめます。炭酸がないとテクスチャーが変わり、もっと甘く感じられます。旨味も強く感じられるようになる。その表情の変化を楽しんでほしい。一粒で二度おいしいお酒なのです。

お寿司屋さんではいろんなネタが出てきますが、最初から最後まで、ゆきの美人1本で通せると思います。変化が欲しくなった場合は、グラスの形状を変えたり、温度を変えたりするだけで、また違う顔を見せてくれる。

江戸前寿司では白身から始まり、酢締めしたものや煮物、マグロのような赤身へと進んでいき、最後は巻物で終わる。ゆきの美人はどのネタにも合います。特に玉子との相性はバッチリだと思います。

前作でしめ鯖やコハダの握りと日本酒の相性は悪いと書きました。日本酒は酸味が弱いからです。でも、ゆきの美人にはやさしい酸味とはいえ、乳酸の酸味が感じられます。しかも、炭酸が含まれているぶんキレがいい。これなら酢締めした魚でも、酢の物でも合わせられるはずです。

このお酒が造られている秋田県は稲庭うどんが名物ですが、かけうどんではなく、つけうどんで楽しんでほしい。冷水でしっかり締めたうどんのコシと、弾ける泡のテクスチャーがすごく合うと思います。

食感の相性だけではありません。冷たいほうが、小麦の風味はしっかり感じられる。お酒のやさしい甘味が、その風味に寄り添ってくれます。

発泡しているお酒は、サクサク、シャキシャキした食感の食材とマッチします。だから、天ぷらなんかも合う。天ざるうどんなんか最高でしょう。

お酒には甘味があるので、料理でイメージを変えたければ、途中から薬味を使ってもいいかもしれません。とはいえ、一味だけとか、七味だけみたいにシンプルにしたほうが、お酒もうどんも楽しめると思います。

きめ細かい泡の繊細な味わい

さて、純米吟醸タイプの2本目、⑮水芭蕉にいきましょう。

泡立ちを見ます。非常にきめ細かく、繊細な泡です。抜栓するとき、⑭ゆきの美人のほうがものすごく泡が上がってきた。水芭蕉はひかえめでした。そのときの印象の違いが、ここにも現れています。

香りをかいでみます。こちらにはフルーツの華やかな香りが明確に感じられます。リンゴっぽい香り。熟したリンゴではなく、まだ若い青リンゴのようなさわやかな香りです。

原料由来のお米の香りもほんの少しあります。お米の研ぎ汁のようなやさしい香りです。お米の香りのボリューム感としては、もっとも低いクラスだということです。全体にエレガントだと思います。

口に含んでみます。非常にみずみずしい印象です。なめらかなテクスチャーがある。お米のやさしい甘味があります。甘味はゆきの美人よりも強い。旨味に関しては、ゆきの美人のほうが感じました。

後味に苦味が上がってきます。でも、キリッとしている。「辛口スパークリング」とネーミングされていますが、たしかに辛口と呼んでいいすっきり感がある。

ここまで飲んだ２本とも辛口でしたが、これは偶然ではありません。そう設計されているものが多いのです。消費者はスパークリング日本酒にキレや、さわやかな後味を求める。だからキレのいいお酒が多いのです。

余談ですが、辛口と聞くと新潟県のお酒のような「淡麗辛口」ばかりがイメージされますが、風味が濃醇な辛口も存在します。酸味があると甘味は感じにくくなるので、味わいが濃いのにキレがいい「濃醇辛口」も成立するのです。ゆきの美人も水芭蕉も濃醇と呼ぶには上品すぎますが、辛口にもいろいろあることは覚えておいてください。

座標軸にプロットしましょう。香りが強いか弱いかだけでいうと、ゆきの美人のほうが強かったと思います。でも、水芭蕉にはフルーツの華やかな香りがあるので、こちらのほうが香り高いと評価できます。とはいえ、薫酒と呼ぶほどではない。爽酒のなかで、もっとも香り高いあたりでしょう。味わいはゆきの美人より淡いところに（１３５ページ）。

　このお酒の特徴である苦味を生かすなら、ちょっと苦味のある野菜を合わせてあげるといい。タラの芽の天ぷらなんか最高じゃないでしょうか。ゴーヤーだと、ちょっと苦味がきつすぎると思います。繊細な甘味がほのかに残る上品さを生かすには、あまりに苦味ばっかり強調するのはダメなのです。

　甘味と苦味を生かすとなると、中華料理の点心とのペアリングも面白い。シュウマイや蒸し餃子、水餃子なんか合うと思います。具材は肉でも海鮮でも、どちらでもいける。鶏、豚、エビ、カニ……どんなものでもいい。

2——純米大吟醸タイプ「⑯紀土と⑰獺祭」

味わいがパワフルになった

次は純米大吟醸タイプを2本、飲み比べましょう。Dエリアから和歌山県の⑯「紀土（きっど）　純米大吟醸スパークリング」、Eエリアから山口県の⑰「獺祭（だっさい）　純米大吟醸スパークリング45」をチョイスしました。どちらも西日本エリアのお酒です。

純米大吟醸は純米吟醸よりさらにお米をたくさん磨いたタイプです。獺祭の精米歩合は45%と、ここまで飲んだなかでもっとも高い。お米を半分以下まで磨いているわけで、いかに

贅沢なお酒かわかると思います。

どちらもコルク栓（プラスチック栓）をして、針金で固定したタイプ。この形状を見たら「泡立ちがすごいんだな」と予想していいでしょう。

なお、スクリューキャップのようにフタを開けたり閉めたりすることができないので、抜栓は一発勝負となります。さっきの2本のように澱を混ぜようと瓶を上下にひっくり返すと、噴き出す可能性が高まるので、避けてください。

色調を見ます。どちらも少しにごっています。紀土のほうは無色透明に近いですが、澱が混ざると白っぽくにごるはずです。

泡立ちはさっきの2本よりしっかりしていますね。特に獺祭の泡立ちはすごい。シャンパーニュかと思うぐらい持続的に上がってきます。

⑯紀土の香りをかいでみましょう。香りの強さだけでいうと、さっきの2本より明らかに強いと思います。フルーツの香りもあるので、香りは高いと表現していい。やっぱり純米大吟醸のほうが純米吟醸より「香りは高い」のです。

これはどんなフルーツでしょうか？　バナナやメロンのような香りです。お米の香りは強くありませんが、生のお米のような香りがします。これは生酒なので、搾りたてのようなフレッシュでみずみずしい印象が強い。

口に含んでみましょう。最初のアタックが強いですね。酸味もありますが、旨味をものすごく感じます。甘味よりも、お米の旨味をすごく感じる。味わいがはっきりしている。骨格がしっかりしていると表現してもいいでしょう。力強い。

⑭ゆきの美人や⑮水芭蕉が繊細なタッチだったのと比べ、風味が明らかにパワフルになっている。西日本エリアに入ってきたのを実感します。

香りが高いのに、味わいも濃い

大きな傾向でいえば、お米をたくさん磨いたお酒のほうが「香りは高く、味わいは淡い」。これで間違いないと思います。ただ、そこに例外が存在することについては、前作でも解説しました。

純米大吟醸タイプぐらい極端にお米を磨くと、なぜか味わいまで濃くなるのです。基本の法則で考えるなら、純米大吟醸は純米吟醸より「香りは高く、味わいは淡い」でないとおかしい。でも、紀土は、純米吟醸の2本より、「香りは高く、味わいも濃い」。まさに例外の典型例だと思います。

さらに今回は、西日本エリアであること、山田錦というパワフルな酒米を使っていることの影響もあると思います。いろんな理由で、味わいが濃くなった。東日本エリアの2本をもう一度飲んでみると、違いがわかると思います。

お米をたくさん磨いているぶん、純米大吟醸のほうが純米吟醸よりピュアであることは間違いないのです。でも、だからといってそれを「味が淡い」と表現できるかというと、必ずしもそうではないということです。

座標軸へプロットしましょう。香りは⑭ゆきの美人や⑮水芭蕉より高い。とはいえ、薫酒と呼べるほどではありません。これも爽酒でしょう。ただ、味わいはかなり濃い寄りに置くことにします。

力強いお酒なので、魚よりも肉のほうが合う。フルーツの香りも生かしたいので、豚肉のパテにみかんジャムやリンゴジャムを添えて食べるのはどうでしょうか。鴨肉をローストして、オレンジソースを添えるのもバッチリです。

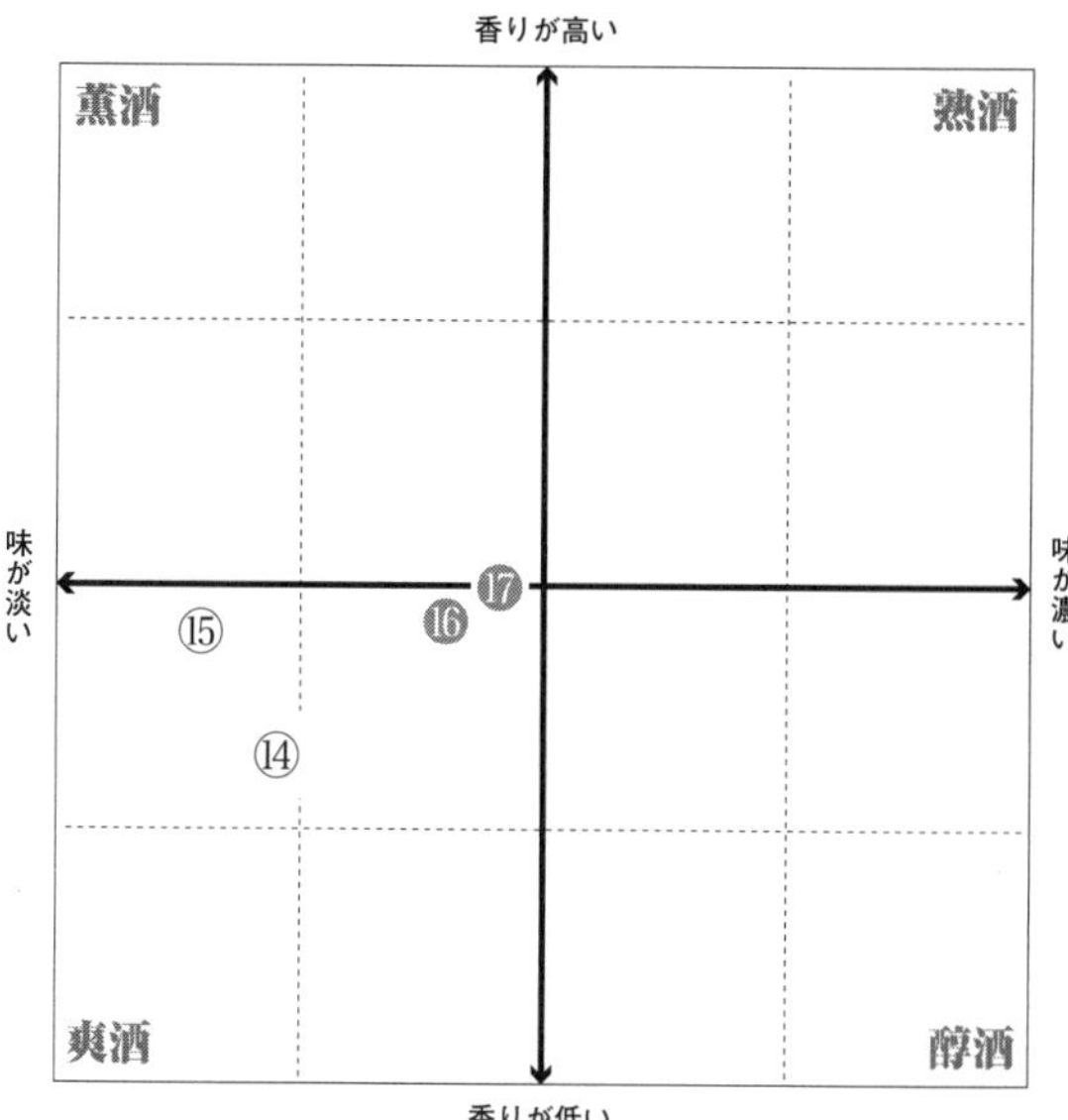

自宅でもっと簡単に食べるのであれば、オレンジマーマレードや、フルーツのコンポートをバゲットやクラッカーにのせるのでもいい。

紀土が造られている和歌山県は果物が名産なので、いろんなフルーツで試せると思います。ただ、紀州名物の梅干しは難しい。酸味が強すぎるからです。それなら甘い梅ジャムにしてしまう。旨味がギュッと凝縮されて、なおかつ甘味のある梅ジャムなら、このお酒がよりおいしく飲めるでしょう。

パラパラした五目チャーハンに合う

次は⑰獺祭です。泡立ちが本当にすごい。2本同時に抜栓してお猪口に注ぎ、⑯紀土のテイスティングを終えたあとでも、まだ細かい泡が立ちのぼり続けています。持続的な泡立ちというのが、商品コンセプトなのでしょう。

香りをかいでみます。フルーツの香りはありますが、和ナシのような繊細な香りです。むしろお米の香りのほうを強く感じる。つきたてのお餅のような香りですから、お米の香りのボリュームとしては最大級にある。

口に含んでみます。アタックはやさしい。非常にソフトです。まずはお米の甘味をすごく感じます。そして中盤から後半にかけて、お米の旨味が上がってくる。

甘味という点では、今回の4本のなかでもっとも感じられるのではないでしょうか。非常に甘味が強い。余韻も長いですね。紀土の余韻は中程度でしたが、獺祭の余韻はかなり長いといっていい。飲みやすいです。

このお酒も骨太でパワフルです。真ん中に芯が1本通っているような印象。さすが西日本エリアです。そして紀土と同様、お米をたくさん磨いた純米大吟醸タイプなのに、「香りは高く、味わいも濃く」なっている。

座標軸にプロットしましょう。紀土よりさらに香り高いので、もう横軸の上に置く。爽薫酒と呼ばれるお酒だと思います。味わいも濃いので、こちらも縦軸に近いあたり（145ページ）。縦軸と横軸の交点に近い位置です。

お米の甘味がしっかり感じられるので、ぜひチャーハンと合わせたい。⑪貴のときは海鮮チャーハンをおすすめしましたが、パワフルな獺祭にはチャーシューを使った五目チャーハンしか考えられません。

日本酒と聞くと炊き込みご飯や混ぜご飯を連想する人が多いと思うのですが、私はチャーハンが食べたくなります。強火で炒めるぶん表面の水分が飛んで、炊いただけのご飯よりも硬く感じられる。その食感がスパークリングに合うのです。スパークリングにはサクサク、シャキシャキした食感が合うと書きましたが、パラパラもいい。

同じ中華料理でも、中華ちまきのように餅米を使ってねっとりした食感のものは、スパークリングの弾ける印象と反発してしまう。それなら、パエリアとかピラフ、リゾットのように、水分が残っていても、お米の芯を感じられるもののほうが合う。

塩気が強めの料理のほうが、獺祭の甘味は際立ちます。そういう意味で、やさしい和食より、洋食のほうがいいかもしれない。例えば、塩気もあって旨味も強いジャーマンポテトやドイツ風のソーセージ。特にソーセージは焼くと皮がパリパリに仕上がります。まさにスパークリングが求める食感といえるでしょう。

翌日に飲んだっておいしい

解説を続けているあいだに、お猪口に注いだお酒の泡もほぼ消えてきました。どうでしょう？　泡の立たないにごり酒としても、十分楽しめるおいしさだと思いませんか？　こういうお酒があったら、スパークリングでなくても買いたい人は多いでしょう。

シャンパーニュは泡が消えると、あまりおいしくありません。「本当にいいシャンパーニュは泡が消えてもおいしい」といわれはしますが、それは値の張る銘酒に限った話です。シャンパーニュは安いものでも５０００円はしますから、本書の２０００円未満という条件では安いものすら入手できない。

温度が上がるとともに、お酒の表情が変わったことも実感できると思います。最初に飲んだ⑭ゆきの美人だと、やさしい乳酸の印象がより際立ちました。泡があったときのおいしさとは別のおいしさが生まれてきた。

日本酒の温度が上がると、甘味や旨味を感じやすくなるという話はしました。この4本も、甘味が増したと感じられるはず。

でも、甘味ばっかり際立って、ほかの要素が消えてしまうとつまらない。泡が消えた状態でも、冷たく引き締まっていた状態の特性が残っていることが、いいスパークリング日本酒の条件だと思います。4本とも、見事にその条件を満たしている。

抜栓してすぐ飲んだとき、どれも口当たりがさわやかで、キレがあった。その印象は、温度が上がっても変わらないはずです。

そういう意味では、シャンパーニュのように抜栓したその日に飲み切る必要はありません。スパークリング日本酒は残ったものを翌日に飲んでも、十分おいしいからです。

最後に座標軸をもう一度ながめてみましょう（145ページ）。東日本エリアの2本（⑭

ゆきの美人と⑮水芭蕉）より、西日本エリアの2本（⑯紀土と⑰獺祭）のほうが、右上にプロットされる結果となりました。

西日本エリアのほうが香りは低いはずなのに、香り高いところにプロットされたのは、西日本エリアの2本が純米大吟醸だからです。たくさん磨いたほうが香りは高くなる。

一方、西日本エリアの2本のほうが味わいは濃くなっている。これはセオリー通りですし、そこへ「純米大吟醸のほうが純米大吟醸より味わいは濃い」という例外が加味されたことで、その傾向が加速したのでしょう。

結論としていえば、東日本エリアの2本はエレガントスタイル、西日本エリアの2本はパワフルスタイルといっていいと思います。春夏だったら、東日本のさわやかな2本は食前酒からするする飲めると思います。秋冬だったら、西日本の骨格がしっかりした2本を選べば、料理と合わせてじっくり楽しめる。そんなイメージでしょうか。

第　5　章

生酛（きもと）・山廃

伝統的製法にしか出せない風味とは何か

うちはひと手間省いています！

この章では、生酛（きもと）・山廃（やまはい）という広義のタイプを見ていきましょう。これもいまの日本酒業界のトレンドに関連したテーマです。

生酛や山廃というのは、伝統的な造り方のことです。あくまで製法のことなので、狭義の8タイプすべてに適用できます。実際、純米大吟醸タイプから本醸造タイプまで、さまざまな生酛・山廃が売られています。

ただ、お米本来の風味を味わえる点が持ち味なので、あまりにたくさんお米を磨いてしまったり、醸造アルコール添加で風味を薄めてしまったりすると、手間のかかる製法をわざわざ選んだ意味がなくなってしまう。

だから、生酛・山廃の名前で売られているお酒の大半は、純米酒タイプか特別純米酒タイプなのです。私も生酛・山廃で造るのであれば、お米はあまり磨かないほうがいいと考えています。精米歩合60〜70％ぐらいが妥当ではないでしょうか。

この本でも、生酛・山廃という広義のタイプを語るときに、特別純米酒・純米酒を念頭に置いています。純米吟醸タイプを1本だけ紹介しますが、残りはすべて純米酒タイプからのチョイスになります。

生酛も山廃も日常生活ではまったく耳にしない専門用語なので、まずは言葉の説明をしておきましょう。

生酛の酛（もと）というのは、お酒の「もと」になるもののこと。だから、お酒の母と書いて「酒母」とも呼ばれます。

添加物の入っていない醤油のことを「生醤油（きじょうゆ）」と呼んだりしますよね。「生粋」とか「生一本」のように、混じりけのないものに「生（き）」をつける。生酛というのも、混じりけがない酒母のことを指しています（酒母とはどんなものか、何が混ざっていないのかについては、このあと説明します）。

一方、山廃というのは、「山おろしという作業を廃止しました」という意味です。でも、これってちょっと変ですよね。「うちはひと手間、省いています！」というのは、普通は売り文句にならない。「人の手では握りません。すべて機械まかせです！」なんて看板を自慢げにかかげた寿司屋があったら、ビックリしてしまいます。

では、どうして山廃が売り文句になっているのか？　ちょっと複雑な事情があります。それを理解するには、日本酒の造り方や歴史を知らないといけない。なので、少しだけお付き合いください。

酵母が仕事をしていてくれたなんて

まずは、明治時代なかばの日本人が、どんな風にお酒を造っていたかを紹介しましょう。日本酒にはさまざまな製造工程がありますが、そのなかのアルコール発酵を取り出すと、ザックリ、ふたつの工程に分かれます。

第1段階は酒母（酛）を造る工程。蒸したお米と水、麹（こうじ）を混ぜて発酵させます。

第2段階は、もろみを造る工程。完成した酒母に、大量の蒸し米と水、麹を数回に分けて加え、最終的に10倍以上の量にします。そのもろみをしっかり発酵させ、完成したところで搾ったものがお酒なのです。

なぜ2工程に分けるのか？　アルコール発酵をおこなうのは酵母という菌ですが、それを事前に増やしておくためです。自然状態では酵母と雑菌が生死をかけて闘っていますから、フェアに「用意ドン！」とやったのでは、雑菌に負ける可能性がある。だから、酵母にだけフライングを許しているわけですね。

本格的なパン作りでは、必ずスターター（発酵種）を育てますが、発想としてはまったく一緒。酒母というのは、お酒のスターターなのです。

第2工程のもろみ造りでは、お米や水を加えるのは3回に分けるのが一般的ですが（「3段仕込み」といいます）、これも同様の理由。せっかく酵母の濃度が高い酒母が完成したのに、一気に薄めてしまっては、また雑菌とフェアな闘いをすることになってしまう。酵母の濃度が下がらないよう気をつけて、えこひいきしてやるほうがいい。だから3回に分けて、ちょっとずつお米と水を加えるわけです。

ちなみに、麹というのは、お米を分解するカビの一種です。酵母はお米を食べてアルコールを生み出すといっても、そのままの状態では大きすぎて口に入らない。お米のデンプンを、小さな糖分に分解してあげないと食べられません。酵母のためにエサを小さく刻んでやる飼育員のような仕事をしているのが麹なのです。

こう聞くと、本当に理にかなった製法だと感心します。でも、こうした説明ができるのは、微生物の知識を得た現代人だからこそ。当時の蔵人たちは、なんのためにこんな複雑な作業をやっているのか、理由を説明できなかったはずです。「先人たちがこうやってきたから」という経験論でしか語れなかった。

当時の蔵人たちに「お酒を造っているのは誰?」と質問したら、「麹です」と答えたに違いありません。なぜなら、酵母なんてものは、投入した覚えがないからです。酵母は小さすぎて目に見えません。酒蔵へ勝手にすみついた酵母が、頼みもしないのにお酒を造ってくれていたなんて、顕微鏡がない時代の人には思いも寄らなかった。自分が眠っているあいだに妖精たちが靴を作ってくれた、くらい突飛な発想でしょう。

彼らが投入していたのは麹です。これも微生物の研究が進んだから、アルコール発酵の仕事ではなく、デンプン分解の仕事をしているのだと判明した。それがわかるまでは、麹がお酒を造っていると考えるほうが自然です。

どうして大蔵省が主導したのか

とにかく、日本酒造りは雑菌との闘いだったのです。だから、いかに酵母にとって有利な環境を整えるかに苦心してきた。

雑菌が酵母に勝って、お酒が腐ってしまうことを「腐造」といいます。昭和に入ってからでも、腐造は普通に起こりました。空調設備のない当時の酒蔵は1年に1回しか酒造りできません。それが全滅では倒産しかねない。

大ダメージを受けたのは、国も一緒でした。実は、当時の税収は、地租と酒税が2本柱だったのです。「日本人がお酒を飲んだから日露戦争が闘えたのだ」なんて主張する人もいるぐらい、酒税は大きな財源だった。全国で腐造が相次いだのでは、国家財政が大きく傾いてしまいます。

そこで明治時代の後半、大蔵省が醸造試験場を作って、欧米列強における微生物研究を日本酒造りに取り入れようとします。今日の感覚からすると「なんで農商務省じゃなく、大蔵省が管轄するの?」と感じると思いますが、それぐらい国家財政を左右する重大案件だったということなのでしょう。

当時のドイツではビール醸造の研究がかなり進んでいました。そうした最先端の醸造学を取り入れることによって、「日本酒の発酵を担当しているのも、ビールと同じで酵母という微生物なんじゃないの?」ということが見えてきたわけです。

そして、もう明治も終わる頃、ふたつの大発見が生まれます。

乳酸そのものを入れちゃえばいいじゃないか

ひとつは、「山おろしの作業は必要ない」という発見です。

当時の酒母造りでは、お米を木の櫂ですり潰していました。この作業を「山おろし」といいます。お粥ぐらいにすり潰したほうがお酒に近づく気がするのは、感覚的によくわかりますよね。でも、麹の役割が科学的に解明されて、「べつに人間が潰さなくたって、麹がデンプンを分解してくれるよ」とわかったわけです。

山おろしをやらなくていい(=山廃)というのは、酒蔵にとっては朗報でした。山おろしはおおぜいの蔵人を動員する過酷な作業です。微妙な温度管理もやらなきゃいけないので、もう昼夜を問わない重労働なのです。山おろしをやらずに済むとなれば、酒蔵の負荷は激減します。つまり、山廃というのは、カスタマー目線ではなく、サプライヤーにアピールする言葉として生まれたわけですね。

ところが、ほぼ同時期、もっと大きな発見がなされます。乳酸菌の役割が判明したのです。腐造するときと、うまく醸造できるときでは、何が違うのかがわかった。

乳酸菌も目に見えませんが、腐造しないケースでは、乳酸菌がたくさん繁殖していたことが判明した。乳酸菌は乳酸を作るため、酒母は酸性になる。そんな環境で雑菌は生きていけません。一方、酵母は酸性に強い菌なので、酵母だけは生きていける。つまり、酒蔵にはまた別の妖精（乳酸菌）がすんでいて、人間の知らないところで酵母をサポートしてくれていたのです。

当の乳酸菌は自分が作った乳酸と、酵母が作ったアルコールによって弱り、最終的には死滅してしまいます。雑菌を退治したら主役の座を酵母に譲り、自分は静かに退場していく。なんて格好いい脇役なのでしょうか。

この頃には、アルコール発酵の主役は酵母だということは解明されていました。酒母造りというのは、酵母を増やす工程であるとともに、乳酸菌を増やし乳酸を作ってもらう工程でもあったのだと判明したわけです。大発見ですね。

こうなると、「そういうことなら、乳酸を人工的に作って、酒母へドカンと投入しちゃえばいいんじゃん！」という話になります。自然界の乳酸菌が繁殖してくれるのを神様にお祈りしながら待たなくたって、最初から乳酸そのものを添加すれば、あっという間に雑菌を制圧してくれるはずだと。こうして生まれたのが「速醸法（そくじょうほう）」と呼ばれる製法で、その後、ほぼすべての日本酒はこのやり方で造られるようになりました。

速醸法が日本酒の世界の常識になった

乳酸菌とまったく同じことが、酵母にもいえます。蔵にすみついた酵母が自然に増えていくのを、神様にお祈りしながら待つ必要はない。「純粋培養した酵母を添加しちゃえばいいじゃないか」という話になった。

日本醸造協会が設立され、全国の酒蔵からもろみを集めて研究を始めました。灘の「櫻正宗」から収集した酵母の培養に成功したのは、二大発見の直前です。その後、さまざまな「きょうかい酵母」を開発し、酒蔵へ提供するようになった。

乳酸菌や酵母と一口にいっても、実は数えきれないほど種類があります。全国の酒蔵にすみついたものも、さまざまだった。もし増えるのが速くて発酵力が強い酵母、つまり優良酵母が使えたら、生産は安定します。いい香りや深い味わいを生みだすような酵母が使えたら、酒質も向上させることができる。

酒蔵目線で考えれば、速醸法に飛びつかないほうが不思議でしょう。速醸法なら、腐造のリスクは激減します。しかも、自然界の乳酸菌や酵母が増えるのを待つ必要がないので、1カ月〜1カ月半かかっていた酒母造りが、10日〜2週間に短縮される。それに加えて酒質まで向上するというのですから。

最終的には日本中の酒蔵が速醸法を採用しました。酒母造り、もろみ造りという2工程方式は残ったものの、乳酸と酵母については、外から買ってきたものを投入するのがスタンダードになった。

こうなると、あんなに衝撃的に登場した山廃も、色あせて見えてきます。山おろしの作業が不要とかいっても、自然界の乳酸菌が育つのを辛抱して待つ製法には違いありません。発見からほどなくして、時代遅れな印象になってしまった。それぐらい速醸法の登場は革命的なものだったのです。

のちに、こうした速醸酛に対比する言葉として生まれたのが「生酛」でした。混じりけのない酒母です。何を混ぜていないかというと、乳酸を混ぜていない。

厳密に考えれば、乳酸も酵母も混ぜていないものを生酛と呼びそうなものですが、酵母を添加することは大目に見られている。最近、蔵付き酵母で造る酒蔵も増えてはいますが、大半は買ってきた酵母を添加しています。

生酛という言葉がいつ生まれたかは厳密にわかりませんが、それまでは生酛造りこそ当たり前のやり方だっただけに、何かと区別して「生」をつける必要はなかったはずです。言葉が生まれたのは、速醸酛が登場して以降のことでしょう。

日本酒の多様性を取り戻したい

こうして、酵母は「どこにいるのか知らないけれど、うちの蔵へ勝手にすみついたやつ」から「アンプルで買ってくる氏素性のはっきりしたやつ」へ変貌した。

これは革命的な変化でした。東北地方の酒蔵が、九州で発見された酵母を使うなんてことが普通になった。自分好みの酵母を選んで、酒質をデザインできるようになったのです。蔵付き酵母の性質に縛られていた時代には考えられないことでした。

速醸法が登場する以前、日本酒の風味は地域によって、ものすごく違ったはずです。バラエティに富んでいた。ところが、みんながみんな乳酸と酵母を買い、同じ造り方をするようになって、地域色はどんどん薄れていきます。

1960年代に灘や伏見のお酒が全国ブランド化し、1970年代は地酒ブームで新潟の淡麗辛口がもてはやされます。地元で造ったお酒でなく、よその地方で造ったお酒を飲むのが普通になっていった。

1980年代末には吟醸酒ブームが起きて、香りの華やかなお酒こそ本物だという風潮が生まれます。そこで1990年代から酵母の開発競争が始まり、日本醸造協会だけでなく、自治体や企業、大学なども参戦します。華やかな香りを生み出す酵母が次から次へと生み出されていった。

要は、日本中の人たちが、似たような酒質をおいしいと感じるようになっていった。「YK35（山田錦、きょうかい9号酵母、精米歩合35%）」という黄金律に全国の酒蔵を向かわせた背景には、こうした嗜好の均質化があったわけです。

でも、反動はきます。「なんか似たような酒質ばっかりじゃない？」「もっとバラエティがないと、つまんなくない?」と考える造り手や消費者が増えてきた。生酛・山廃が見直されているのは、こうした流れの一環なのです。

工業生産した乳酸・酵母を投入するのと、蔵にすみついた乳酸菌・酵母を使うのでは、複雑味に大きな違いが出てきます。乳酸菌に制圧されるまでに時間がかかるぶん、さまざまな微生物が活躍する余地があるからです。

技術の進歩も、それを後押ししています。いまやたいていの酒蔵はきちんとデータをとって科学的に分析し、パソコンで管理しています。衛生管理も格段に進歩しており、昔のような造り方をしても、腐造の心配がなくなった。

だから、若い杜氏を中心に、日本酒に多様性を取り戻そうという動きが生まれてきているわけです。地域による風味の違いも取り戻そうとしている。日本酒が均質化したことへの反省として、伝統的製法が注目されるようになった。

そういう意味で、生酛・山廃の再評価は、地酒ブームや吟醸酒ブーム、純米大吟醸ブームといった「ブーム」とは次元が違う。もっと本質的な「日本酒ってどうあるべきなの?」という問題提起なのだと思いますです。

生酛はエレガント、山廃はパワフル

伝統的製法といっても、どこまで戻ればいいのか？ 江戸時代には生酛造りだけでなく、さまざまな製法がありました。それぞれの酒蔵が工夫して、どこにいるのかわからない酵母や乳酸菌を取り入れていた。それは秘法だったし、資料もあまり残っていません。そこまで戻るのは無理がある。

でも、速醸法が生まれる直前の世界まで戻れたら、少なくとも多様な風味は取り戻せます。そこで、山おろしをやるところまで戻ろうというのが、生酛造りです。山おろしをやらないところまで戻ろうというのが、山廃造りです。

伝統的製法はウリになります。酒蔵のほうを向いて作られた山廃というキーワードが、今度は消費者にアピールする言葉として脚光を浴びたわけです。簡略化したといっても、ものすごく手間のかかる製法なのだから売り文句になる。

ちなみに、現在も9割がたの日本酒は速醸法で造られています。生酛・山廃は1割程度しかない。その1割の内訳を見ると、生酛が1割、山廃が9割ぐらい。やっぱり山おろしの重労働は現代では敬遠されるのでしょう。

とはいえ、山廃造りが楽な製法なわけではありません。たしかに生酛造りほど人手はかからないのですが、自然に頼る要素が大きいぶん、高い技術力が必要です。「生酛造りよりも難しい」という杜氏の声をよく耳にします。

さきほど見たように、言葉が生まれた順番としては、山廃が先、生酛が後です。では、製法が生まれた順番はどうでしょうか？　生酛には山おろしという「人間のひと手間」が加えられています。山廃のほうが、よりプリミティブな製法といえる。製法としても、山廃が先に誕生しているはずです。

だから、生酛の風味のほうが洗練されていると覚えておけば、間違いない。山おろしをやらないと、お米が分解されるのに時間がかかるので、そのぶん山廃のほうが複雑味は増すのだと思います。ワイルドになる。

あくまでこのふたつのなかだけで比べるならば、生酛のほうがエレガント、山廃のほうがパワフルと考えていいでしょう。

どちらもお米のふくよかな風味に加え、乳酸の酸味がしっかり感じられる点に特徴があります。自然界の乳酸菌を使ったことが、はっきり結果に出ている。人工的に乳酸を添加したものとは、この点で明らかに違う。

生酛のほうがやさしい乳酸の香りで、フレッシュなモッツァレラチーズや、ミルキーなホイップクリームのような香りがします。

山廃はもっとワイルドで、キノコのような熟成した香りがあります。チーズでいうなら、熟成したコンテチーズ、ブルーチーズ、ウォッシュチーズのような香り。

こうした風味の違いは、読者のみなさんでも必ず感じられます。前置きが長くなってしまいましたが、テイスティングを始めましょう

1——生酛「⑱仙禽と⑲七本鎗」

精米歩合90%なのにエレガント

テイスティングのキモは、風味の弱いものを先に、風味の強いものを後に飲むこと。風味が強いものを先に飲むと、繊細な風味がとれなくなってしまうからです。だから、山廃ではなく生酛のほうから飲み比べるとしましょう。

東西で1本ずつ用意しました。東日本エリアからは栃木県（Cエリア）の⑱「仙禽　オーガニックナチュール2020」、西日本エリアからは滋賀県（Dエリア）の⑲「七本鎗　生

もと 木桶仕込 生原酒」です。

色調を見ましょう。どちらも少しシルバーっぽい色がついていると思います。東西とはいっても隣り合ったエリアなので、差は感じません。

⑱仙禽の香りをかいでみます。ここまでテイスティングしてきたお酒に比べ、香りの上がり方が違うのがわかるでしょうか？ すごくやさしい乳酸の香りが上がってきます。上品な香りで、雑味をまったく感じません。

仙禽の香りのほうがより丸みがあります。ミルキーです。いかにも生酛らしい生クリームのような香りです。

つきたてのお餅のような香りもします。お米の香りのボリュームとしては、かなり高いほうだということです。

この章からはワイングラスを使いますが、グラスをクルクルとスワリングしてみてください。ほんのりですが、フルーツのような香りも上がってくると思います。バナナではなく、高級メロンのような香りです。

口に含んでみましょう。第一印象として、なめらかなコクを感じます。少しとろりとした

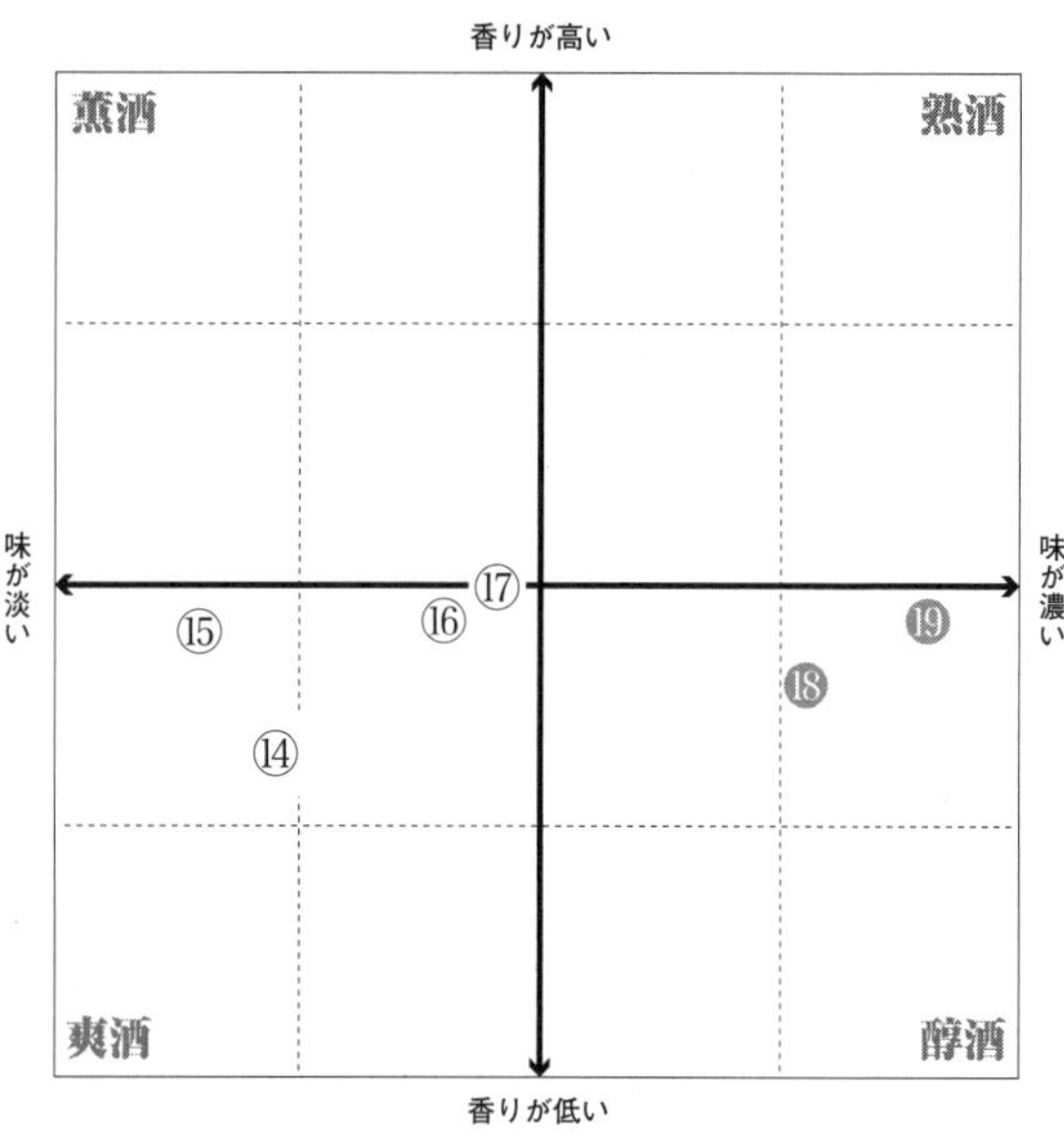

テクスチャーがあって、お酒が口のなかを転がっていく。味わいにも丸みがある。最初に甘味を感じたあと、旨味がブワーッと広がっていきます。やさしい酸味もあります。その風味が残ったまま、最後にほんの少しだけ苦味を感じる。

仙禽の精米歩合はなんと90%。私たちがふだん食べているご飯とまったく同じです。ほとんど磨いていない。それでいて、こんなにエレガントに仕上げている。

お米に自信があるからこそ、こんな精米歩合で勝負できるのでしょう。⑥泉橋と同様、この酒蔵で使っている酒米も自社田で栽培されたものです。しかも、亀ノ尾という古い品種を、オーガニック栽培しています。

座標軸にプロットしましょう。生酛・山廃は醇酒に分類されると考えて問題ありません。このお酒も、典型的な醇酒です。香り高くはないけれど、味わいが濃くて、お米の旨味を強く感じられる。

香りとしては、醇酒のなかでは高いほうだと思います。味わいもしっかり強いので、醇酒のなかほどでしょうか。このへんに置くとしましょう。

名乗らないが、すべて生酛造り

実は、この酒蔵のお酒は、すべて生酛造り。だから、ラベルに生酛という文字がなくても、「ああ、仙禽だから生酛だな」とわかるのです。すべての銘柄で山おろしの作業をやるって、どれだけ大変なのか。気が遠くなります。

さらにいうと、仙禽は酵母も投入していません。蔵付き酵母を使っているのです。生酛・

山廃といっても酵母だけは買ってきたものを使うのが一般的なだけに、極限まで手間ひまかけた酒造りだといえます。

それでいて、仙禽のお酒は特定名称を名乗りません（スペックからいうと、間違いなく純米酒タイプです）。ちなみに、前作で紹介した秋田県の「新政」もすべてが生酛造りですが、特定名称を公表していない銘柄が多い。

こうした事例が、特に若い杜氏たちに増えてきています。「酒蔵は酒蔵でプロの仕事をする。消費者のみなさんはあまり知識に振り回されず、お酒そのものを感じてほしい」という心意気を感じます。

本当においしい。初心者にも飲みやすい生酛だと思います。これはお酒だけでもいけてしまう。

まあ、お米の風味を感じるぶん、ご飯が食べたくなりますけどね。もっともシンプルな塩むすびと合わせたら最高です。仙禽が造られている栃木県の名産はかんぴょうですが、かんぴょう巻なんかも合うと思います。

このお酒は「オーガニックナチュール」と命名されていますが、たしかにナチュラルなものが食べたくなります。動物性の食材を使わない料理とペアリングするのは面白いかもしれません。

最近、ヴィーガン料理が流行しています。ベジタリアンのように肉や魚を食べないだけでなく、卵や乳製品、ハチミツなど、動物由来のものもいっさい口にしない。動物由来のクリームを使わず、ピーナツオイルやアーモンドオイルで代用したりする。

ヴィーガンラップといって、アボカドやグリルした野菜をトルティーヤで包み、豆乳ソースやトマトサルサソースで味つけする料理がありますが、たまにはそういうお洒落な食事もどうでしょう。パプリカなんかが入っていたら、適度な苦味があるので、このお酒の苦味とマッチするはずです。

中華料理の精進料理もいいでしょう。その連想でいくと、豆腐も合うと思います。この上品なお酒には冷ややっこで十分。もう少しコクが欲しいという方は、油揚げや厚揚げを使った料理とペアリングすればいい。

豆料理ということでいえば、ヒヨコ豆をすり潰して、塩やオリーブオイルで味つけした、中東料理のフムスも相性がいいと思います。

温度が上がるとフルーツの香りが増した？

解説しているあいだに、お酒の温度が上がって、香りが変化してきました。仙禽は1本目ですから、ついさっき注いだばかりです。こんなに短い時間でも、香りが変わった。最初に飲んだときとだいぶ印象が違うのがわかりますよね？

ちょっと香ばしい印象が出てきたと思います。醤油や味噌のような香りです。フルーツのような香りも、さっきより少し強くなった気がします。

生酛・山廃は非常に手間がかかるので、そこをウリにしないほうが不自然です。だから、ラベルにそういう表示がなければ、基本的に速醸法で造られていると考えていい。前章までに飲んできたお酒はすべて速醸法だろうと予想できます。

そうした速醸法のお酒における香りの変化の仕方と、この仙禽の香りの変化の仕方に、何か違いを感じませんか？　前章までは、最初にフルーツのような香りがしても、温度が上がるにしたがい、だんだんお米の風味を感じるようになった。でも、仙禽は逆で、温度が上がるとフルーツの香りが増した。

実は、フルーツのような香りというのは、多かれ少なかれ、どんなお酒にも存在します。ほかの香りがそれを覆い隠しているだけなのです。仙禽の場合だと、最初に感じた香りは乳酸と、お米の香りでした。生酛・山廃では最初に原料系の香りを感じることが多いので、フルーツの香りが覆い隠されていた。

最初の香りが落ち着くと、背景に隠された香りが徐々に姿を現してきます。生酛・山廃は香りにも複雑性があるので、本当にいろんな香りが覆い隠されている。そのうちのひとつが、仙禽の場合はフルーツだったということなのです。

生酛・山廃では覆い隠されている香りが、速醸法で造ったお酒よりはるかに豊かです。そのぶん、「どう変化していくのかな？」と楽しみに待てる。1杯目、2杯目、3杯目と、短いあいだにどんどん表情を変えていくのが生酛・山廃の魅力。

「お酒をじっくり味わうって、こういうことだったのか！」

きっと、そう実感していただけると思います。

木桶仕込みならではの複雑味

さて、生酛の2本目、⑲七本鎗にいきましょう。

香りをかいでみます。炊きたてのご飯のような香りが上がってきます。お米の香りのボリュームとしては中程度ということです。

生酛らしい香りのほうはどうでしょう？　⑱仙禽ほどではないものの、生クリームのような香りがあると思います。これが乳酸の香りです。

マンゴーやパイナップルのような黄色いフルーツの香りもかすかに感じます。

でも、最初に気がつくのは、木桶仕込みならではの、ちょっと鋭角的な香りではないでしょうか。白い食パンをトーストしたような香りです。

もろみはステンレスのタンクで仕込むのが一般的ですが、昔ながらの巨大な木桶を使うのが木桶仕込み。ウイスキーを木の樽で貯蔵するのをイメージしてもらえば想像できると思いますが、風味に複雑味が増し、色も濃く出るようになります。苦味や、スパイシーな香りも付け加えられる。

そういう意味で、複雑味が欲しい人は、ラベルに「木桶仕込み」と書かれたお酒を選ぶといいと思います。

香りのボリューム感は仙禽よりあります。向こうの精米歩合が90%であるのに対し、こちらは60%と、よりお米を磨いているからです。木桶仕込みの影響もあるでしょう。普通であれば磨かないお酒のほうが複雑味を感じるはずですが、磨いた七本鎗のほうが複雑に感じられるのは、まさに木桶仕込みの影響です。

口に含んでみます。仙禽より酸味をしっかり感じます。苦味も強い。香りにあった、焦がしたようなニュアンスも味わいにあります。すごく複雑です。旨味についてはそんなに強くはありませんが、生酛由来の旨味を感じます。

後味には胡椒のようなピリッとした感じがあると思います。生酛でスパイスを感じることはあまりないので、これも木桶仕込みの影響でしょう。

ラベルに「生原酒」とあります。生酒はすでに解説しましたが、火入れを1回もしていないお酒のこと。原酒というのは、割り水をしていないお酒。普通は、もろみを搾ったあと、水を加えてアルコール度数の調整をするのです。それをしない原酒はアルコール度数が高いものが多いのですが、七本鎗はアルコール度数16度と普通です。

生原酒というのは、まさに搾ったばかりのお酒です。第3章でも見たように、「フレッシュな」とも「暴れているような」とも表現できる香りが、このお酒にもあります。最初にかいだときにツンとくるような香りです。口に含んだときの味わいのふくらみの力強さも、まさに生原酒ならではでしょう。

すごく上品に仕上がっている。でも、生酛のなかではパワフルなほうだと思います。

酸味と苦味には紅ショウガを合わせる

座標軸にプロットしましょう。香りの強さとしては、⑱仙禽とほぼ一緒です。ただ、複雑味はこちらのほうがあるので、そのぶん、少し上に寄せましょう。味わいは仙禽よりもだいぶ濃い。⑬鷹来屋と同じぐらい味が濃いところへ置きます（１７０ページ）。

ザックリいえば、仙禽はエレガント、七本鎗はパワフルといっていい。ただ、今回のプロットでは、七本鎗のほうが、香り高かった。「パワフルなお酒のほうが香りは低い」という基本法則からズレたわけです。

これには、理由があります。同じ純米酒とはいえ、仙禽が極端なまでにお酒を磨かないお酒であったこと。七本鎗が木桶造りであったこと。こうしたことから西日本エリアのお酒のほうが香り高いという結果になった。

私の基準では、華やかさや複雑さを感じられるほうを「香りが高い」と評価します。お米をたくさん磨いた吟醸系グループの場合、フルーツのような香りは南に行くほど明らかに減っていくのです。しかし、生酛・山廃はお米の風味を味わうお酒です。お米由来の複雑な香りは、西日本エリアのほうが増していく。

なので、生酛・山廃に限定していえば、雑味の増える西日本エリアのほうが「香り高い」と評価することが多い。基本の法則は「西日本エリアのほうが香りは低く、味わいは濃い」ですが、生酛・山廃に関しては「西日本エリアのほうが香りは高く、味わいも濃い」となる傾向にあるのです。

さて、料理とのペアリングです。酸味と苦味が七本鎗の特徴なので、ショウガとの相性はいいと思います。豚のショウガ焼きなんてピッタリではないでしょうか。お酒の旨味が豚の旨味に負けませんし、ショウガの苦味ともすごくマッチするはずです。大阪名物の紅ショウガの天ぷらなんかもいいと思います。

乳酸の風味に注目してチーズと合わせるとしたら、窯で香ばしく焼き上げたピザなんかどうでしょう。お酒のトーストのような香りと、ピザ生地の焦げがよくマッチします。具材としてはアンチョビを使うと、お酒の苦味にも寄り添ってくれる。

ピザのような熱々の料理に合わせるときは、お酒はちょっと冷やしてあげるといい。酸味が引き締まって、とろけたチーズのクリーミーさをより感じられるようになります。

ただ、非常に複雑味があってパワフルなお酒でもあるので、お燗にも向いています。仙禽より七本鎗のほうがお燗向きです。お燗にするとどう風味が変わるかについては、あとで山廃とまとめて紹介します。

2——山廃「⑳飛良泉と㉑秋鹿」

ワインのような酸味を感じる

では、山廃に入りましょう。生酛はエレガント、山廃はパワフルと説明しましたが、その通りの印象になるかどうかが注目ポイントです。

こちらも東西1本ずつ。東日本エリアからは秋田県（Aエリア）の⑳「飛良泉（ひらいずみ） 飛囀（ひてん） 鵠（はくちょう） TypeA」、西日本エリアからは大阪府（Dエリア）の㉑「秋鹿 山廃 純米 無濾過原酒」をチョイスしました。

まずは色調に注目です。2本とも、生酛より黄色いのが一目瞭然だと思います。特に秋鹿のほうは特筆すべき色の濃さです。これを見るだけで、「パワフルなんだろうなあ」と期待がふくらみます。

⑳飛良泉は非常に特徴のあるお酒です。まずは山廃なのに純米吟醸タイプであること。アルコール度数も14度と低いこと。日本酒度はマイナス22度、酸度は5・2度と、どちらも極端な数値であること。酒蔵が明確な意図をもって風味を設計していることが、ラベルを見るだけで予想できます。

珍しくラベルに酸度が表示されていますが、なんと5・2もあります。酸度2ぐらいが一般的なので、かなり酸味を意識したお酒であることがわかります。日本酒では黄麹菌が使われるのが一般的ですが、この銘柄は焼酎で使われる白麹菌を使っている。これは酸味を出したいときに使われる麹です。

ラベルの説明を読むと、きょうかい77号酵母が産み出すリンゴ酸、山廃造りが産み出す乳酸、白麹が産み出すクエン酸と、トリプルで酸味が楽しめるお酒だということです。リンゴ酸というのは、リンゴやブドウに多く含まれる酸。白ワインを飲んだときに感じる酸味は、主にリンゴ酸によるものなのです。

最近、白ワインを連想させる日本酒を見かけることが増えましたが、このお酒もそんな1本なのだろうなと、ラベルから予想できるわけです。

甘く感じないのは、酸味が強いから

⑳飛良泉の香りをかいでみます。リンゴ酸系の酵母を使っただけあって、黄色いリンゴのような香りがします。同時に、お米の香りも感じますね。つきたてのお餅のような香りですから、お米の香りとしてもボリュームがある。

キノコのような香りがあるのは感じ取れますか？　これが山廃の特徴的な香りです。といっても、飛良泉の場合はマッシュルームのようなやさしくて繊細な香り。そんなに強いキノコではありません。エレガントです。

口に含んでみます。乳酸の酸味も感じますが、それより印象的なのがリンゴ酸の酸味。香りにはさほど酸味を感じなかったのですが、味わいにはものすごく感じる。それを感じたあと、徐々に旨味が上がってきます。

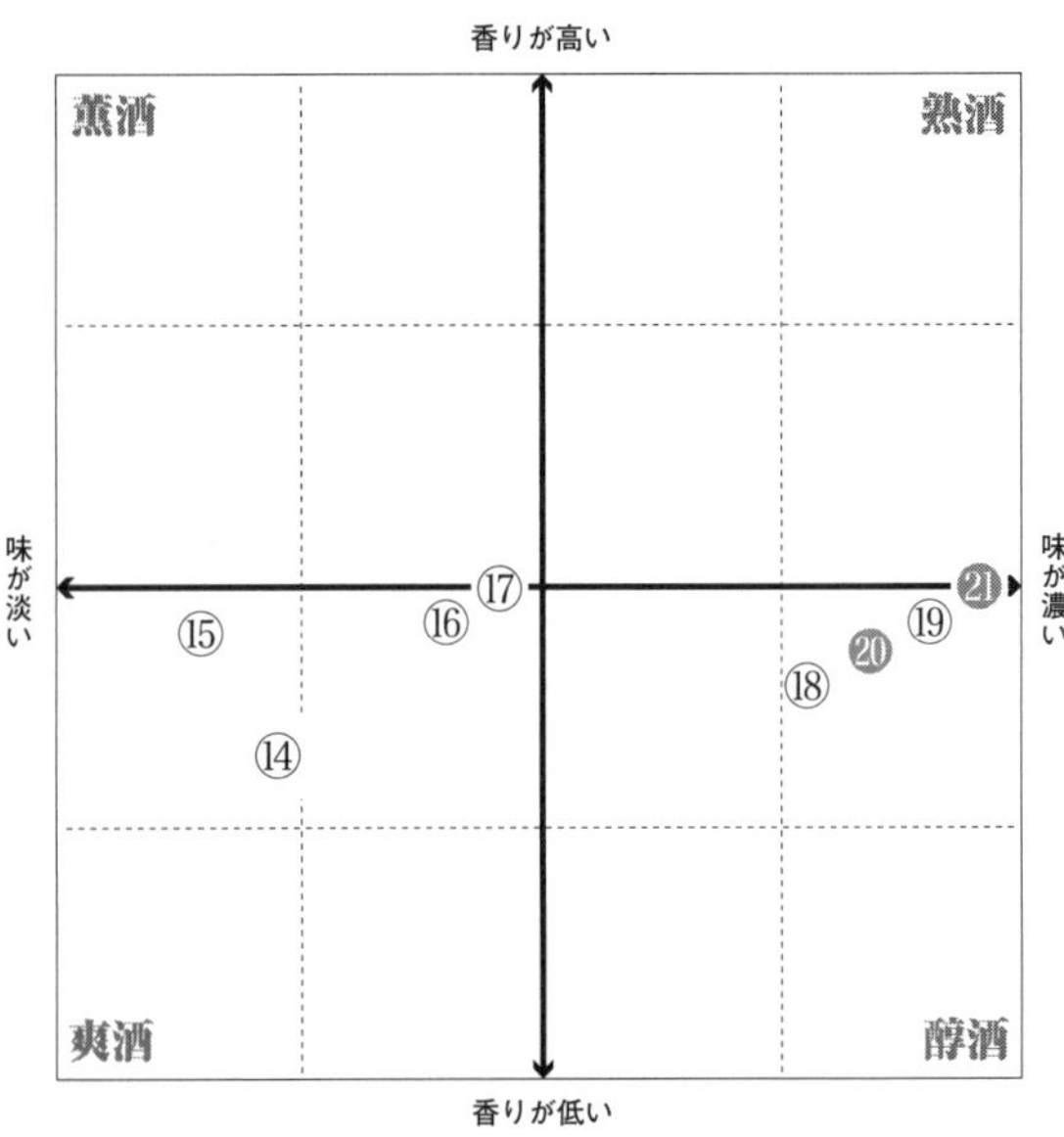

Aエリアで、なおかつ純米吟醸タイプなのに、非常に複雑味がありますね。エレガントなのにワイルドです。甘味もあるし、旨味もある。温度が上がるとともに、リンゴ酸の表情がやわらいで、旨味が強くなってくるのがわかると思います。表情豊かなお酒です。山廃も生酛と同じく、表情の変化を楽しめるお酒なのです。

酸味はずっと感じます。さすがトリプルの酸味です。アルコール度数も弱いので、シードルや白ワインを飲んでいるような感覚になる人もいるでしょう。白ワインを意識して設計されたことが、よくわかりました。

ラベルに書かれた日本酒度は、なんと驚きのマイナス22度。プラス1〜5度ぐらいが一般的ですから、極端なまでに糖分が多い。でも、甘ったるく感じないのは、酸味が甘味を消しているからです。本当にユニークなお酒です。

座標軸にプロットします。香り高さとしては、⑱仙禽と⑲七本鎗のあいだぐらいでしょうか。純米吟醸タイプなのに味わいもしっかりしていて、これも仙禽と七本鎗のあいだぐらい。このへんに置きましょう。

タルトタタンに合う日本酒!

料理とのペアリングです。乳酸をしっかり感じるので、チーズには当然、合います。ラクレットチーズを溶かして、いろんな食材にかけて食べるのはどうでしょう。

私の大好物にフェタチーズがあります。ギリシャを代表する羊や山羊のチーズです。水分量が少なく、風味の少ないチーズで、塩分が多めなので、そのままでは食べられない。キュウリやトマト、オリーブ、魚のカルパッチョなどと合わせたサラダにするのが一般的です。それとのペアリングを思い浮かべました。

飛良泉は山廃のなかでも繊細な風味の銘柄です。だから、白ワインに合わせる感覚で料理を考えていけばいい。フェタチーズはオリーブオイルに漬けて保存されることも多いのですが、それをパンに塗って食べるだけでも、このお酒にマッチします。

乳酸でなくリンゴ酸のほうに合わせるなら、リンゴを使ったサラダでもいい。スライスしたリンゴの上にカッテージチーズをのせて、オリーブオイルを垂らす。そのままサラダとして食べてもいいし、カナッペにしてもいい。

この風味はフルーツと非常に合うと思います。特にデザートにはリンゴを使ったものが多いので、タルトタタンなんかどうでしょう。

本当にワインを飲んでいるような感覚です。アルコール度数が低いので、飲み飽きしない。ワインのアルコール度数は12度程度と日本酒に比べると低いのですが、飛良泉が低いアルコール度数にしているのも、そこを意識しているのかもしれませんね。日本酒の新しい可能性をひらくチャレンジだと思います。

すき焼きもいいかもしれない。実は、すき焼きというのは、非常にペアリングが難しい料理。生卵を使うからです。牛肉なら赤ワインとイメージするかもしれませんが、生卵をまとってマイルドになった牛肉や野菜には、赤ワインの渋味が邪魔になる。むしろ酸味のある白ワインのほうがいいのです。だから、私は必ず生卵を使うかどうかを聞いて、使う場合は白ワイン、使わない場合は赤ワインをおすすめしています。

生卵を使った料理に合わせるには、甘味はあまり強くなく、旨味や酸味が適度に感じられるお酒がいい。そういう意味で、白ワインに近い酸味が持ち味である飛良泉は、すき焼きにもマッチすると思います。

干しシイタケの戻し汁の香り

さて、山廃のラストは㉑秋鹿です。大阪府といっても北端の山のなかにある酒蔵で、⑱仙禽と同じく自社田でお米を栽培しています。この銘柄は山田錦を使っていますが、酒米のパワフルさを十分に発揮してくれることでしょう。なんせ、西日本エリアの非吟醸系グループなのですから。

まずは香りをかいでみます。ものすごいキノコの香りです。⑳飛良泉はマッシュルーム程度でしたが、こちらは焼いたシイタケぐらい、キノコのニュアンスが強い。干しシイタケを戻した、だし汁のような香りもあります。こういう香りは生酛では絶対にしません。秋鹿は山廃のなかの山廃といっていい。

乳酸の香りが強いだけでなく、熟成したような香りも強い。「これって熟成酒?」と思うほど、熟した香りがある。紹興酒やシェリー酒にも通じる香りです。

カラメルっぽい香りもありますし、スパイスのような香りもある。ナツメグやシナモンのような香りです。すごく複雑味がある。香りの時点で相当パワフルです。

口に含んでみます。酸味と旨味とスパイシーさのバランスがすごくいい。力強いのに上品です。うまくまとまっているという意味ではエレガントにさえ感じます。ただ、山田錦らしい味わいのボリューム感があって、すごく濃醇といえます。

後味もずっと残る。今回の4本のなかでは、余韻がもっとも長いと思います。アルコール度数が18度もあるので、それがパワフルな印象を加速させます。

やさしい乳酸の酸味がパワフルさをおさえているだけで、本当はものすごく力強いお酒だというのが伝わってきます。エレガントなぐらいうまくまとまっているけれど、実はものすごくパワフルなお酒なのです。

山廃のなかではエレガントな⑳飛良泉と飲み比べてみれば、骨格がしっかりしていることがわかると思います。骨太で、非常にボリューミーなお酒です。最後に、すごく山廃らしいキャラクターのお酒が登場しました。「生酛はエレガント、山廃はパワフル」を実感していただけたのではないでしょうか。

台湾料理のスパイスに合う

座標軸にプロットするなら、香りはもう横軸の上ぐらい。醇酒といっても、熟酒に片足を突っ込んでいるんじゃないか、くらいのところに置きましょう。味わいも右端にくっつくほど濃いところに（184ページ）。

山廃のほうでも生酛同様、西日本エリアのほうが「香りが高い」結果になりました。やはり生酛・山廃に関しては、西日本エリアのほうが「香りは高く、味わいも濃い」と覚えておくほうがいいと思います。

では、生酛と山廃を比較するとどうなのか？　これは明らかに生酛より、山廃のほうが香りも味わいも強い。山廃のほうが風味は複雑だから、「香りは高く、味わいも濃い」と評価される傾向にあるのです。

前章で、似たような例外を見ました。純米大吟醸タイプが「香りは高く、味わいも濃い」傾向にあった。お米を極限まで磨く純米大吟醸と、お米をあまり磨かないものが多い生酛・山廃が、同じパターンの例外になるのは、非常に面白いですね。

そういう意味で、初心者は生酛から入るのがいいと思います。エレガントなお酒のほうが飲みやすい。一方、ある程度飲み慣れた方にとって山廃の魅力は、もう替えのきかないものだと思います。こういうお酒を飲むたびに「どうして、こんなにおいしいものにスポットライトが当たらないんだろう？」と不思議に感じます。

さて、料理とのペアリングです。秋鹿は飲んだあと、シイタケのだし汁のような旨味が口に残るので、しっかりだしをとった料理と相性がいい。アゴだしで作った豚汁なんて、ダブルで旨味が強いので最高でしょう。

香ばしいニュアンスもあるので、ソースとも相性がいい。大阪といえば粉もの文化ですが、お好み焼きでもたこ焼きでも合うと思います。

スパイスのニュアンスに合わせるとしたら、クローブやナツメグ、八角などを使った中華料理がいい。スパイスを多用する台湾料理では、豚肉も鶏肉もよく食べますが、そうした食材の旨味とがっぷり四つに組んでも、秋鹿の力強さがあれば負けることはありません。ナツメグやシナモンを使ったデザートもいいと思います。

酸味もそこそこあるので、トムヤムクンにだって負けないと思います。トムヤムクンの酸味や辛味にはけっこう強烈なものがあるので、何も考えずに選ぶならアル添酒だと思いますが、熟成感のある山廃なら決して負けない。なかでも秋鹿であれば、がっぷり四つに組めると思います。

なぜ「ぬる燗」でテイスティングするのか

さて、この章ではオマケとして、「お燗にすると、風味はどう変わるか」も解説しておきましょう。

なぜこの章でお燗の話をするかというと、生酛・山廃ほどお燗に向いたタイプはないからです。乳酸の存在のおかげで、より旨味が増したことが感じられる。速醸酛のお酒では、お燗にしてもそうはいきません。

日本酒のお燗には、５度ごとに名前がつけられています。55度以上が「とびきり燗」、50度ぐらいが「熱燗」。45度ぐらいが「上燗（じょうかん）」。40度ぐらいが「ぬる燗」。35度ぐらいが「人肌燗」。30度前後が「日向燗（ひなたかん）」です。

ちなみに、20～30度が「冷や（常温）」で、それより冷たいものは、15度ぐらいが「涼冷え（りょうびえ）」、10度ぐらいが「花冷え」、５度ぐらいが「雪冷え」と呼ばれます。

もちろん、覚える必要はありません。でも、大きな境目がどこかだけは知っておいたほうがいい。人間の体温は36度ぐらいです。つまり、ぬる燗あたりから「温かい飲み物だなあ」という実感が出てくる。

だから、今回もぬる燗でさきほどの４本を飲み直し、風味の変化を見てみます。

アルコールの刺激は温度が上がるほど増して、その辛さを感じるようになります。逆に温度が下がるほど刺激が弱まって、丸みのあるふくよかな印象になっていく。熱くなるほど辛口に感じやすいということです。

一方、旨味についていえば、温度が上がるほど旨味は増していく。お酒の成分が変化するわけではなく、人間が旨味を感じやすくなるという意味ですが。

苦味は温度が上がるほど感じにくくなっていき、酸味は逆に感じるようになっていく。甘味についてはどうかというと、体温付近がもっとも感じられるのです。温度が高すぎても、低すぎても感じにくくなる。

そうしたバランスを考えると、甘味や旨味をしっかり感じつつ、アルコールのふくよかな印象を出すためには、ぬる燗ぐらいがもっともいい。もちろん、銘柄にとってどの温度がベストかは違います。でも、さまざまな銘柄を同時にテイスティングするときには、ぬる燗ぐらいがキャラを比較しやすいということです。

ちなみに、酸味については、乳酸、コハク酸、リンゴ酸、クエン酸など、酸の種類によって、温度による感じ方の変化は違います。ただ、生酛・山廃の特長である乳酸についていえば、ぬる燗から熱燗までのあいだが、もっともまろやかで爽快な酸味に感じられます。このことも、ぬる燗でテイスティングをする理由のひとつです。

お燗にすると、よりアルコールの香りを感じますから、初心者は「なんか、お酒くさいなあ」と感じるかもしれません。でも、同時に旨味も増していることに気がつけば、きっと夢中になるはずです。

温めると旨味を感じやすくなる

さて、ぬる燗にした4本を、もう一度、テイスティングし直しましょう。

まずは⑱仙禽です。お米の香りがボリュームアップしているのがわかると思います。冷たいときは、つきたてのお餅の香りでした。これはお粥みたいな香りになっている。

⑲七本鎗はどうでしょう? 冷たいときは、スパイスのような香りがありましたが、それが後ろに引いて、お米の香りのほうを感じるようになった。生クリームのような乳酸のやさしい香りは、さらに感じるようになった。

味わいも変化しています。酸味や苦味は残っていますが、旨味が大バクハツしてきました。この変化は明らかで、冷たいときの倍以上、旨味が感じられるのではないでしょうか。やさしい印象は残したまま、余韻もすごく長く感じられます。

これだけ旨味が増すのであれば、「ぜひお燗で飲みたい!」と思った読者も多いはず。日本酒は温めたほうがお米の香りや、旨味がボリュームアップする。速醸法で造ったお酒では、ここまで極端な変化は起こりません。生酛・山廃ならではの変化なのです。

しかも、乳酸のおかげで、風味のバランスがまったく崩れない。私が「生酛・山廃こそ、お燗で飲むべきだ」というのは、こういうことなのです。

次は⑳飛良泉です。このお酒の特徴は乳酸だけでなく、リンゴ酸やコハク酸の酸味もあることです。その酸味がしっかり残っていると思います。酸っぱいのに温かいものを飲んでいる感覚は、ローズヒップティーやホットレモネードを飲んでいるときの感覚に通じる。女性はこういう風味が好きな人が多いかもしれません。

これはもう日本酒のお燗というイメージを超えています。まったく新しい飲み物を飲んでいるような面白さがあります。熱々のタルトタタンと合わせたら、これまでになかったアフタヌーンティーが誕生するでしょう。

㉑秋鹿はどうでしょうか。スパイスのような香りが、もう鼻を刺激するぐらい上がってくるようになりました。冷たいときはさほど強く感じなかったスパイスが、ここでは明確に出てきています。旨味もすごい。温めると苦味は感じにくくなり、そのぶん旨味をより感じら

れるようになる。そのことを実感しませんか。

江戸時代はお燗で飲むほうがポピュラーだったそうですが、これが昔のお酒の風味なのでしょう。旨味が強いので、チビチビチビチビ、ずーっと飲んでいられます。冷たいお酒のようにグイグイは飲めませんから、二日酔いになることもない。

お燗した日本酒に合わせる料理は、少し味つけを薄くしたほうがいいと思います。やさしい風味に合わせるためです。山廃ほどの強さがあればカツオ・昆布のだしでいいけれど、生酛なら昆布だけのだしにするとか、ひと工夫あるといいですね。

第　6　章

アル添酒

初心者や女性にすすめたい究極のお酒

4合瓶のアル添酒が見つからない！

第4章・第5章ではいまの日本酒のトレンドを見てきましたが、ここからの2章では、ぜひとも見直してほしいジャンルを取り上げます。この章で扱うのは、醸造アルコールを添加したお酒、いわゆる「アル添酒」です。

ここまでと違い、31ページの表を縦に区切って考えることになります。特定名称酒のアル添酒は右側に並んだ本醸造系グループ、つまり大吟醸、吟醸、特別本醸造、本醸造の4タイプです。アル添酒という広義のタイプに、狭義のタイプとしては4種類含まれるわけです。

4合瓶でアル添酒を入手することが、5年前よりさらに難しくなりました。一升瓶はともかく、4号瓶がなかなか見つからないので、今回も確保に苦労した。一升瓶はあっても4号瓶がないというのは、まさにこの本を読んでいるような「ごく普通の消費者」に買われていないことを意味します。

純米ブームが行き過ぎた結果、アル添酒には人気がないのです。特定名称酒に占める割合は3分の1ぐらいにまで下がってきた。

1980年代の吟醸酒ブームの火付け役は、新潟県の「久保田 千寿」。吟醸タイプです。エレガントな酒米である五百万石を使い、醸造アルコールを加えることで淡麗辛口を実現し、人気を呼んだ。でも、この銘柄以来、アル添酒界のスター選手は出てきていません。むしろ逆風ばかり強くなっている。

味にうるさいソムリエ出身の私ですが、どうしてここまでアル添酒が悪くいわれるのか、正直、理解できません。「純米系グループしか日本酒と認めない！」という人は、本当にアル添酒を飲んだことがあるのでしょうか？ ブルース・リーじゃないけれど、「考えるな！感じよ！」といいたくなってしまいます。

辛口信仰も純米信仰も根っこは同じ

アル添酒は質の悪いお酒だという感覚は、正直いって半世紀は遅れています。たしかに昔は質の悪いアル添酒も存在したのです。戦中から戦後にかけて市場を席捲した、悪名高き「三増酒」です。

食べるお米にも不自由した時代ですから、酒造りに回す余裕はなく、需要に見合う量が造れない。そこで、醸造アルコールと水で増量したわけです。お酒の倍量で水増しするから、3倍に増える。そのため三増酒の名がつきました。

戦争が終わり、日本が高度成長期をむかえても、こうしたお酒は残りました。消費者にとっては安く手に入るし、酒蔵にとっても儲かるからです。年配の方がアル添酒に悪いイメージをもっているのは、この体験があるからでしょう。

3倍に希釈したら、当然、お酒の風味は弱まります。そこでブドウ糖や水あめなどの甘味を加え、乳酸やコハク酸などの酸味を加え、グルタミン酸ナトリウムなどの旨味を加えた。添加物で味つけしまくったお酒だったわけです。

添加物だらけの三増酒を飲むと、ベタベタとした後味が残ったそうです。「すっきりした辛口こそ本物の日本酒だ」という考え方が生まれたのは、三増酒のトラウマも大きかったのだろうと思います。「もう甘ったるいお酒を飲みたくない」という気持ちが、辛口信仰を生んだ。辛口信仰も純米信仰も、根っこは同じだった。

でも、現代のアル添酒はまったく別物です。普通酒には添加物を加えたお酒もあるのでしょうが、こと特定名称酒に限っては、甘味、酸味、旨味といった添加物はいっさい使われていません。

特定名称酒には原料の表示義務がありますので、ラベルをよく見てください。「米、米麹、醸造アルコール」としか書かれていないはずです。醸造アルコールが入っている以外は、純米系グループのお酒とまったく同じものなのです。

梅酒はOKで、アル添酒はダメ？

三増酒なんか飲んだことのない若い世代にも、アル添酒のイメージは良くありません。「醸造アルコールは健康に悪い」というのです。

しかし、醸造アルコールというのは、主に砂糖を製糖したあとの液体（廃糖蜜）を蒸留したもの。いわゆるホワイトリカー（甲類焼酎）であって、べつに気持ちの悪い添加物ではありません。

ホワイトリカーとは、みなさんが果実酒や梅酒を作るときに使う、あれです。梅酒やカリン酒にすれば「健康にいい！」といわれ、日本酒にちょっとだけ混ぜれば「健康に悪い！」といわれる。なんだか納得のいかない話です。

使用量だって、昔とは全然違います。三増酒の場合、お酒の倍量の水と醸造アルコールを添加しました。でも、現代のアル添酒では、最大でもお米の10％しか使用を認められません。日本酒の成分の8割以上は水ですから、原料であるお米の10％以下なんて、ほとんど入れていないに等しい。

純米系グループとまったく同じ原料を使い、まったく同じ造り方をして、最後の最後にごく微量の醸造アルコールを加えたものが、特定名称酒のアル添酒なのです。こんな微量で健康に悪いというのであれば、ホワイトリカーそのものを飲む梅酒や缶チューハイは毒薬になってしまいます。

ヨーロッパにはたくさんのアル添酒があります。マデラ、シェリー、ポートワインなどがそうで、「酒精強化ワイン」と呼ばれて世界中で愛されています。「アル添酒だから健康に悪い」なんて評価は聞いたことがありません。

まあ、酒精強化ワインは、一般的なワイン（「スティルワイン」と呼ばれます）とは別のカテゴリーと意識されてはいます。なので、日本酒を体験したいという外国人のお客様にアル添酒をおすすめして、「もっとピュアなサケが欲しい」といわれた経験はある。

とはいえ、それは日本酒をよくご存じないからです。スティルワインではたいてい酸化防止剤として亜硝酸塩が添加されています。こちらのほうが、みなさんのイメージする添加物に近いはず。日本酒のほうがよっぽどピュアなのです。

アル添すれば、賞味期限は何倍にもなる

では、たとえ微量であっても、どうして醸造アルコールを添加する必要があるのでしょうか？　もちろん大きなメリットがあるからです。

昔のような水増しの目的はありません。お米は余るほど作られていますし、消費者も高品質なお酒を求めるようになっています。

少し前までは「香りを高くするために添加するのだ」といわれたことがありました。香り成分はアルコールに溶けやすい。もろみを搾る直前に醸造アルコールを添加すれば、香り成分を引き取ってくれるのだと。

でも、現代では搾ったあとに添加するのが一般的だと思います。香り酵母の開発が進んで、香りを出すのに苦労することがなくなったからです。もろみの段階で醸造アルコールを添加

すると、そのタンク1本をすべてアル添酒として出荷しなければなりませんが、正直、そこまでの需要がないという理由も大きいでしょう。

醸造アルコールを添加する最大の目的は、品質を安定させること。酒蔵での管理には万全を期しても、その後の流通・販売の過程で同じように管理されるとは限りません。光や温度によって変質してしまうのです。

生酒3兄弟については第3章で紹介しましたが、よく「搾ったばかりを飲んでいるような」と形容されます。たしかに酒蔵を訪問して飲んだり、酒蔵の近くの酒屋で買ったりするぶんにはそういえるでしょう。でも、火入れしていないお酒ほど変質しやすい。遠方まで運ぶのに冷蔵便を使わず、店頭でも冷蔵庫に入れないようなケースでは、風味が劣化してしまう可能性が出てくる。

だから「酒蔵から出荷された瞬間とまったく同じ風味が味わえるお酒はどれですか?」と聞かれたとき、私は「アル添酒です」と答えている。杜氏が必死になって設計し、大切に育て、蔵から送り出したそのものの風味が味わえる。劣化しにくいぶん、造り手のイメージがストレートに受け取れるお酒なのです。

アル添酒だって光には弱い。直射日光が当たったりすれば、とたんにダメになります。とはいえ、温度には非常に強いのです。常温で管理しても大丈夫なので、冷蔵庫に入れずに店頭に並べられていても、おいしく飲める。東南アジアのような熱帯地域に輸出されても、おいしいまま飲めるはずです。

まあ、昔と違って、いまや冷蔵庫のない家庭はありません。家庭における保管メリットはないと思うかもしれません。「一升瓶を買って床下で保存していた時代とは違うのだ」と。でも、アル添酒は封を開けたあとの劣化のスピードも遅いのです。純米系グループのお酒は抜栓から3～4日で飲み切らないと、風味が変わってしまう。アル添酒だと、最低でも2週間は同じ風味が楽しめます。

これだけ長持ちするなら、毎日、ちょっとずつ楽しめます。「今日は人肌燗」「今日は熱燗」なんて、お燗の違いを感じ分ける実験だって可能でしょう。4合瓶より割安な一升瓶で買って、時間を気にせず楽しむという手もアリなのが、アル添酒なのです。

なぜアル添酒は二日酔いするのか

アル添酒の特徴は、風味が主張しすぎないこと。香りが強すぎず、甘味や旨味をあまり感じず、キレもいいので、さわやかなお酒といえます。透き通った印象のあるお酒で、淡麗辛口のものも多い。

お米をあまり磨かない特別本醸造タイプや本醸造タイプですら、醇酒でなく爽酒に入るものが大半です。味わいも全般に薄くなっている。

ここまで飲んだものには「暴れている」印象のお酒がありましたが、酒質としては、その対極にあります。非常に落ち着いている。まあ、地味ともいえますね。お米を極限まで磨いた大吟醸タイプですら、純米大吟醸タイプほどの香り高さはないので、薫酒でなく爽薫酒にプロットされるイメージです。

前章で見た生酛・山廃は、「香りが低く、味が濃い」醇酒のなかでも右寄り（味が濃い側）にプロットされました。この章で飲むお酒は、「香りが低く、味が淡い」爽酒のなかでも左寄り（味が淡い側）にプロットされるはずです。

主張しすぎないというのは、飲みやすいことを意味します。初心者や女性の方にこそ飲んでほしいお酒なのです。

とにかく、いろんな楽しみ方ができます。常温でもおいしいし、お燗でもおいしいし、キンキンに冷やしてもおいしい。真夏ならオンザロックやソーダ割にすればいい。アル添酒は値段が安いので、大胆な楽しみ方が可能です。

主張しないお酒は、食中酒に最適です。前作で「蕎麦に香り高い純米大吟醸なんて論外だ」と書きました。お酒の主張が強いと、自分が主役になろうとするからです。主張しないアル添酒は、料理のほうを主役にしてくれます。

私たち日本人は、一度にいろんなものを食べることを好みます。食卓に刺身もあれば、サラダもあれば、煮物も揚げ物もある。それを自分の好きな順番でつつく。そんな食事風景が一般的でしょう。アル添酒なら、「この料理にはこのお酒が合うな」なんて難しいことを考えなくて済む。どのおかずの邪魔もしないからです。

例えば、私たちがよく口にするツナ缶。吟醸系の香り高いものだと、ツナの風味が不快に感じられます。東日本エリアの風味が強くない山廃という選択肢もありうるのですが、何も考えずに選ぶのであればアル添酒。間違いなく寄り添います。

さらにいえば、値段が安いから料理酒としても使える。同じお酒で作った料理とペアリングすれば、相性は最高です。

ただ、ひとつだけ注意点があります。醸造アルコール添加にメリットしかないような書き方をしてきましたが、本当はデメリットも存在する。経験論でいえば、二日酔いになることが多いのです。

やっぱり添加物があるから体に悪い？　いえいえ、その逆です。あまりに飲みやすいし、おいしいので、ついつい量を過ぎてしまうのです。このお酒だけは、くれぐれも飲みすぎに気をつけてください。

1——東日本エリア「㉒喜久泉と㉓喜久酔」

厚化粧しない自然な吟醸香

さて、テイスティングに入ります。

まずは東日本エリアの2本を比べましょう。お米をたくさん磨いた吟醸系グループからは青森県（Aエリア）の㉒「喜久泉（きくいずみ） 吟冠 吟醸酒」を、お米をあまり磨かない非吟醸系グループからは静岡県（Cエリア）の㉓「喜久酔（きくよい） 特別本醸造」をチョイスしました。

まずは色調に注目です。ここまで飲んできたお酒たちと比べ、明らかに透き通っていませ

んか？　どちらもグリーンのトーンが入ったシルバーに見える。ダイヤモンドのようにキラキラと輝いています。この輝きがアル添酒の特徴です。

㉒喜久泉は「田酒（でんしゅ）」で全国に名を知られた酒蔵の銘柄です。香りをかいでみましょう。お米をたくさん磨いた吟醸タイプだけあって、フルーツの香りがします。メロンや和ナシのようなみずみずしいフルーツです。薫酒と呼べるほど華やかではありませんが、香りはかなり高いと思います。

上品で、自然な吟醸香です。「アル添酒は不自然なお酒だ」と批判する人がいますが、私の感覚では、香り酵母を使って、これでもかというほどフルーツの香りをバクハツさせている純米大吟醸のほうが不自然に感じます。香水プンプンの厚化粧をしたような印象になる。喜久泉ぐらい薄化粧のほうが自然に感じられませんか？

お米の香りもありますね。白玉団子のような上品な香り。お米の研ぎ汁と、炊きたてのご飯の中間ぐらいのボリュームです。なんともエレガントです。

純米大吟醸や純米吟醸では、球体が全方向へ広がっていくイメージで、香りが全面展開していきます。一方、大吟醸や吟醸では、縦方向にすーっと香りが上がってくる。線が細いイ

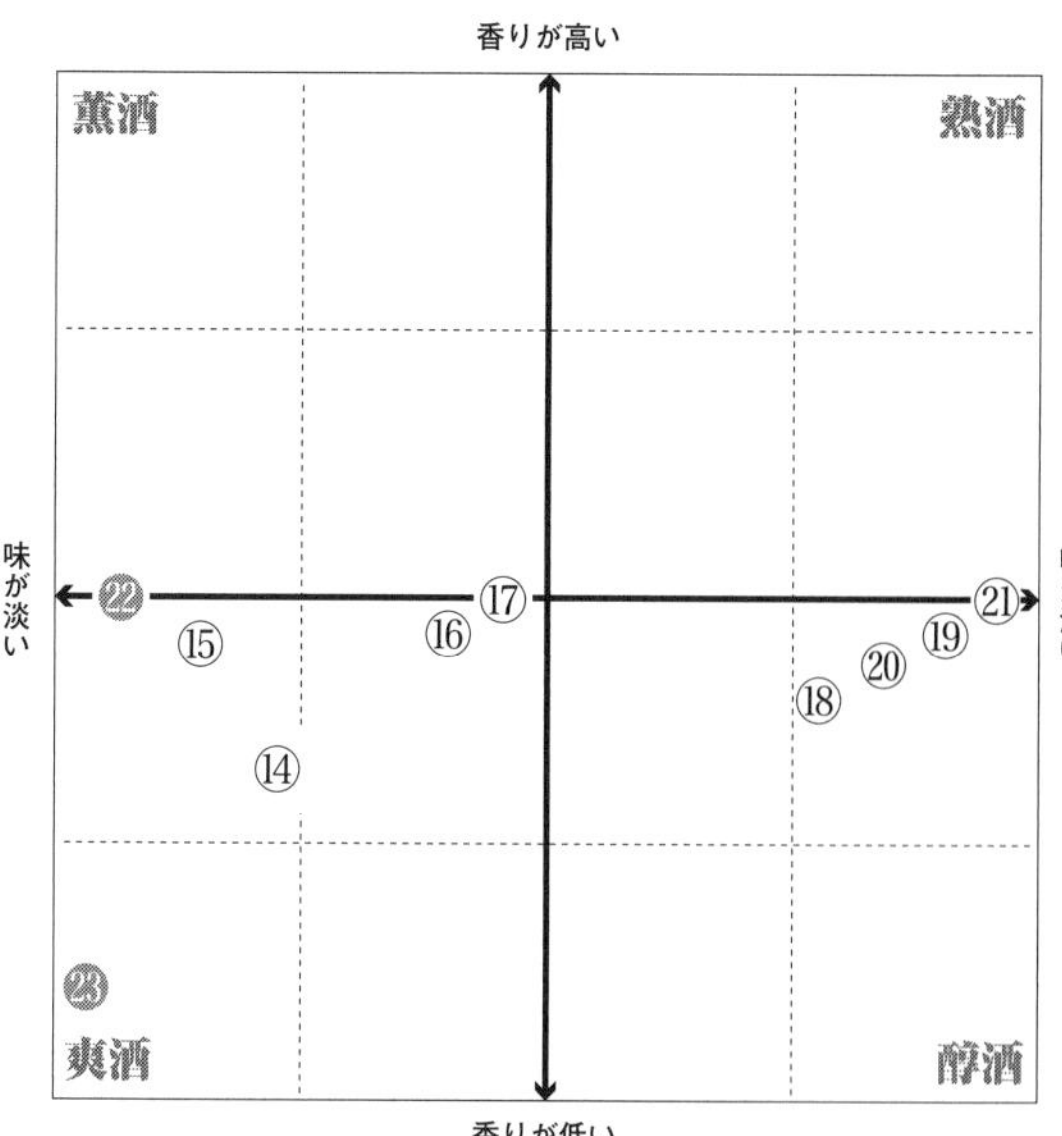

メージの香りの立ち方です。喜久泉にも、まさにアル添酒の特徴が出ています。

口に含んでみましょう。香りの印象通り、アタックもやさしい。中盤からは、やさしい酸味も上がってきます。甘味も感じますが、これはお米の甘味というより、アルコールの甘味だと思います。味わいもエレガントですね。

アルコールは甘く感じられます。お米から生まれたアルコール成分も甘ければ、廃糖蜜を蒸留した醸造アルコールも甘い。でも、アル添酒はキレがいいので、アタックで感じた甘味はすぐ消えて、中盤以降は辛い印象になる。アル添酒は「甘い」とも「辛い」とも表現できるわけですが、全体的な印象としては辛く感じられるのです。

こんなクオリティの高いお酒が1100円程度で買えるなんて、信じられません。一升瓶で買っても2100円ぐらいなのです。このコストパフォーマンスの良さは何なのでしょう。私なら1本5000円の純米大吟醸より、この吟醸を5本買います。

座標軸にプロットしましょう。香りがすごく高いので、薫酒か爽酒か迷います。そういうものは横軸の上、爽薫酒にプロットしましょう。味わいは淡い。淡麗と表現していいぐらいです。左端に近いぐらいのところへ置きます。いきなり前章とは正反対の酒質のお酒が登場してきました。これはわかりやすい。

カツオの臭みを切ってくれる

醸造アルコールを添加すると、キレがよくなります。後味がいつまでも残らない。料理の邪魔をしませんから、何にでも合わせやすい。

喜久泉を飲んだ瞬間、「うーん。刺身が食べたい！」と感じました。白身ではなく、マグロやカツオなどの赤身です。サーモンでもいい。赤身の刺身には血合いの部分に独特の臭みがあって、日本酒と合わせづらい。華やかな香りの純米大吟醸や純米吟醸だと、鉄分の臭みを強調してしまうのです。

でも、アル添酒なら臭みをサッと切ってくれます。赤身と相性がいいのです。前作では「刺身は塩で食べましょう」と書きましたが、それは白身の話。白身の刺身を醤油につけると、醤油の味しか感じられないからです。赤身の刺身は醤油で食べたい。

醤油も血合いの臭みを消してくれるので、三位一体の効果が生まれます。醸造アルコールの辛味は、醤油の味も引き立てます。辛味のあるもの同士を組み合わせることによって、塩辛いはずの醤油が甘く感じられるのです。こういう効果が生まれるのは、アル添酒ぐらいかもしれません。

料理のペアリングは、どうやって相乗効果を生み出すかがポイント。白身の刺身なら、塩やスダチを添えて、純米酒タイプを飲む。赤身の刺身なら、醤油をつけて、アル添酒を飲む。料理だけでは味わえない風味が生まれます。

喜久泉が造られている青森県の名産といえばニンニク。アル添酒ならではの辛味を生かしたければ、ニンニクと合わせてもいい。唐辛子をきかせたペペロンチーノなんか、抜群に合うと思います。

最近ちょっとしたブームになっているジョージア料理「シュクメルリ」なんかも面白い。鶏肉をガーリッククリームソースで煮込んだ料理です。スペイン料理だとアヒージョとかソパ・デ・アホとか、ニンニクたっぷりの料理でしょうか。アヒージョのような油で煮込んだ料理であっても、アル添酒なら油を切ってくれるので、さっぱりと食べられます。

アル添酒をお燗にすると、より辛口に

前章で生酛・山廃をお燗にしたとき、お米のやさしい香りが増し、乳酸も感じやすくなって、ふくよかな印象になりました。アル添酒をお燗にしても吟醸香は弱まり、お米の風味を感じやすくなります。ただ、純米酒と大きく違うのは、アルコールの香りも上がりやすくなるので、よりシャープな印象になること。

お燗にしておいしい日本酒には2種類あって、純米酒タイプとアル添酒です。前者はお米のふくよかさが増してコクも増します。一方、アル添酒のほうは、より辛口になる。お燗にする目的がまったく違うのです。

甘味は体温付近でもっとも強く感じられると説明しました。純米酒の場合、そこから温度を上げても、お米の甘味はまだ持続します。一方、アル添酒の甘味はもともと弱いので、温度を上げると、より辛口に感じられるのです。

そういう意味で、ペペロンチーノやシュクメルリのような刺激的な料理に合わせるときは、喜久泉をお燗にするといい。ピリリとしたお酒の辛味が料理の辛さとマッチするでしょう。刺激と刺激でペアリングするわけです。

アル添酒は基本的にどんな料理の邪魔もしませんから、その土地のものを合わせれば間違いありません。ゴボウも青森県の名産のようですが、キンピラゴボウなんか最高です。ただし、アルコールの刺激に合わせて、唐辛子は忘れずに。

解説しているあいだに、香りがだいぶ変わってきました。純米大吟醸や純米吟醸では、時間がたって温度が上がるとともに、フルーツのような吟醸香がよりボリュームアップしました。でも、アル添酒は逆です。抜栓したてのときは吟醸香を感じても、どんどんおとなしくなっていく。もう、よく香りをかがないと気がつかないレベルにきました。もともとの性格がひかえめなのに、時間とともに、さらに無口になっていく。それがアル添酒です。そういう意味では、お燗は翌日以降に回し、初日は冷たいまま吟醸香を楽しむほうがいいのかもしれません。

球体のような絶妙のバランス

さて、東日本エリアの2本目は、静岡県の㉓喜久酔です。香りをかいでみましょう。㉒喜久泉と比べて、かなり弱い。お米をあまり磨かない特別本醸造タイプということもあり、フルーツのような吟醸香はほとんど感じません。

お米の香りのほうを感じます。上新粉のような香りがします。さきほどの白玉団子より、お米の香りとしては少しボリュームアップしました。上新粉のような香りに対して、私はすごくエレガントなイメージをもっています。

非常にシンプルな香りです。フルーツの香りも、スパイスの香りも、お花の香りも上がってこない。原料であるお米の香りだけ。といっても、雑味はまったく感じられません。本当に繊細でエレガントな香りです。お米をあまり磨かない非吟醸系グループでアル添酒を造ると、こういう香りになる。

口に含んでみます。口当たりがシャープですね。キレがある。アフターフレーバーでアルコールの刺激が鼻から抜けていきますが、きれいで、すっきりした印象です。

香りから連想されたように、酸味はおだやかで、上品な甘味と旨味が心地いい。繊細なお米の味わいを感じます。雑味はまったくなく、むしろ透き通った印象です。味わいもすごくエレガントです。

酸味、甘味、旨味、キレ、アルコール感のバランスが非常にいい。どれかに偏っていない。まるで球体のようなバランスです。何かひとつが突出しない球体のイメージは、個人的に大好きな味わいなのですが、Bエリアの純米吟醸タイプでよく見られるもの。特別本醸造タイプでこれほど見事なバランスには出会ったことがありません。

東日本エリアでは西端に当たるCエリアで、しかも、お米をあまり磨かない非吟醸系グループだというのに、ここまでエレガントに仕上がるのかと、ちょっとビックリです。非常にシンプルな風味ですが、盃がどんどん進んでしまいます。

こんなクオリティのお酒が1100円で入手できるのです。アル添酒に偏見のある方も、これを飲めば認識を新たにされるはず。

座標軸としては、香りはかなり低いところ。味わいは㉒喜久泉よりさらに淡いところへプロットしましょう（211ページ）。

ワサビだけつつきながら飲む

喜久酔は究極の主張しないお酒です。「究極のワインは、水のようなワインだ」という言葉を思い浮かべました。喜久泉よりもさらにひかえめで、まったく「俺が、俺が」と訴えてこない。こういうお酒は飲み飽きしません。毎日、晩御飯のときに飲める。究極のデイリー酒といっていいでしょう。

静岡県といえば焼津漁港のマグロですが、もちろん合います。光ものでもいい。アジのなめろうをつまみにすれば、永遠に飲み続けられます。なめろうを作るときに、ちょっとだけ喜久酔を加えてやれば、相性はさらに良くなる。こういう贅沢な使い方ができるのは、アル添酒ならではですね。

しめ鯖もいけると思います。江戸前のしめ鯖は酸味がきついのですが、静岡のしめ鯖は魚が新鮮なぶん、お酢をひかえめにする。極端にすっぱい料理と日本酒は合わせづらいのですが、酸味をおさえたものならOKです。このときお酒を冷やしてやると、よりシャープに引き締まって、料理の酸味とマッチするでしょう。

喜久酔を造っている藤枝市では、干しシイタケでだしをとった蕎麦とのペアリングが人気なのだそうです。干しシイタケと聞くと山廃を連想されるかもしれませんが、オールマイティなアル添酒はどんな料理にも合わせられる。

伊豆の名産であるワサビだけで飲みたい気もします。私はよく焼酎にワサビを入れて飲みます。新鮮なワサビはさほど辛くないのです。ワサビだけつつきながら喜久酔を飲む。こんな格好いい飲み方があるでしょうか。

塩だけ舐めて飲む、味噌だけ舐めて飲む、醤油だけ舐めて飲む……。日本酒の味わい方はさまざまですが、喜久酔には断然ワサビだと思います。

2——西日本エリア「㉔美丈夫と㉕庭のうぐいす」

黄色っぽいフルーツに変わった

西日本エリアの2本にいきます。チェックポイントは、醸造アルコールを添加したお酒でも、やっぱり西日本エリアのほうがパワフルなのか。

お米をたくさん磨いた吟醸系グループからは高知県（Eエリア）の㉔「美丈夫（びじょうふ） 吟醸 麗」を、お米をあまり磨かない非吟醸系グループからは福岡県（Fエリア）の㉕「庭のうぐいす おうから」をチョイスしました。庭のうぐいすは本醸造タイプです。

色調を見ましょう。東日本エリアのものとほとんど変わりません。Ｆエリアの庭のうぐいすだけ、ほんの少し色づいている程度でしょうか。醸造アルコールを添加するぶん、純米系グループほどエリアによる違いが出てこないのです。

グリーンがかったシルバーな色で、キラキラ輝いて見える点も東日本エリアと同じです。これがアル添酒の色調の特徴でしたね。

㉔美丈夫の香りをかいでみます。吟醸タイプだけあって、フルーツの香りがありますね。㉒喜久泉はメロンだったのが、こちらは黄色っぽいフルーツを連想させる。黄色いリンゴのような香りです。パイナップルやマンゴーまではいかないけれど、さっきよりは熟したニュアンスがある。

さらに「西日本エリアに入ってきたなあ」と実感するのが、お米の香りがより感じられるようになった点です。生米のような香りなので、お米の香りとしてボリュームは低いほうです。でも、明確に上がってきている。香りにふくらみがありますが、繊細です。

口に含んでみます。フルーツの甘味を感じます。そのあと酸味、苦味、アルコール感がしっかり感じられる。後口には、けっこう苦味が残る。飲み終わったあと、アルコールの香り

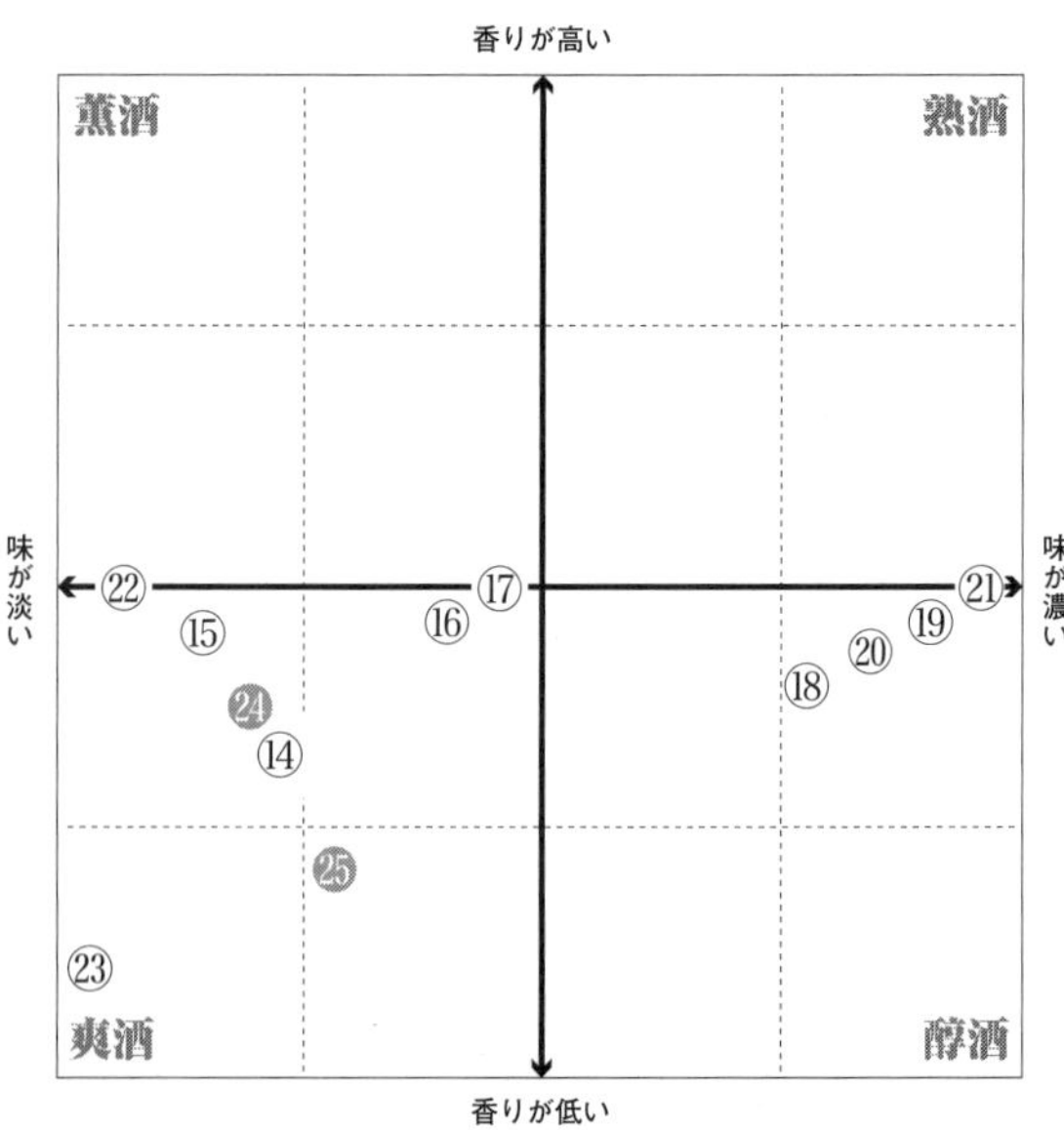

が鼻からしっかり抜けるのが特徴的です。味わいにもふくらみがあります。東日本エリアのものよりボリューム感がある。

西日本エリアのお酒でありながら、パワフルというよりは、どちらかといえばエレガントな印象です。やっぱり醸造アルコールを添加すると、風味が薄められるぶん、エレガント寄りになるのです。

前作で見た「酔鯨（すいげい）」もそうですが、高知県は南国といいながら、きれいなお酒造りをする酒蔵が多い。とはいえ、味わいはしっかりしています。いつまでも飲み続けられる㉓喜久酔と比べてみれば、東西の違いは際立つ。読者のみなさんも「西日本エリアのほうがパワフルだなあ」と感じたことでしょう。

座標軸です。これは明らかに爽酒ですが、そのなかでも香りはそこそこあるほう。味わいとしては、東日本の2本より少し濃い。なので、この位置です。

サケ・ミストやサケ・モヒートも

しかし、Eエリアに入っても、このエレガントさです。美丈夫も癖がないので、いくらでも飲んでいられる。初心者や女性など、日本酒に苦手意識をもっている人ほどアル添酒を選んでほしいというのは、こういうことなのです。

本当にビギナーの方から「最初に飲むべきはどれですか?」と聞かれたら、この章の4本をおすすめすると思います。それぐらい飲みやすい。まずはこんなお酒を飲んで、日本酒のことを好きになってもらいたい。より深く知るのは、それからです。

このお酒も、刺身が食べたくなりますね。高知県といったらカツオです。高知県は柚子やみかんなど柑橘類が名産なので、柑橘類の皮を削って、醤油に落とす。そんな食べ方をすると、より楽しめるでしょう。

私はよく自宅でレモンパスタを作ります。レモンを1個搾って、皮の部分も刻む。それを生クリームと混ぜて、カルボナーラのようにするのです（卵は使いません）。このお酒にピッタリだと思います。レモンの酸味は、美丈夫の後味と相性がいい。

このお酒の苦味に合わせるなら、ミョウガや大葉をたっぷりのせた田舎蕎麦なんてどうでしょう。蕎麦の繊細な風味を消さないためには、アル添酒のような「主張しないお酒」が最適なのです。

五香粉のスパイスをきかせた台湾料理とか、辛味のある四川料理もいいと思います。熱燗にして、韓国料理のスンドゥブチゲに合わせてもいい。逆にキンキンに冷やして、熱々の豆腐との温度差を楽しむのでもいい。

アル添酒は値段が安いので、いろんな飲み方を大胆に試してみればいいと思います。例えば夏の盛りなら、クラッシュアイスにお酒を注いで「サケ・ミスト」で飲む。炭酸とミントを加えて「サケ・モヒート」にしてもいいでしょう。ライムでなく柚子の皮を入れれば、高知感も味わえます。

こんな楽しみ方ができるのは、アル添酒ならではです。ぜひ試してみてください。

パワフルだけどエレガント

さて、最後は㉕庭のうぐいすです。福岡県久留米市の本醸造タイプですね。

精米歩合は68％と、この章のお酒ではもっともお米を磨いていません。しかも最南端に位置するＦエリアですから、純米酒の感覚でいうと「どんだけ雑味があるんだろう」と予想してしまいますよね。では、アル添酒ではどうなのか？

㉕庭のうぐいすの香りをかいでみましょう。たしかに、ここまでの4本のなかでは、いちばん雑味を感じます。でも、純米酒のときほどではない。鼻を刺激するアルコールの香りをもっとも強く感じるのが、ここまでの3本との違いでしょうか。

本醸造タイプだけに、フルーツのような香りはありません。お米の香りは感じます、まったく磨いていない玄米のような香りです。麦の香りのような、ちょっと香ばしい印象もある。それ以外の香りはしない。シンプルだと思います。

そういう意味では、ここまで飲んだ4本のなかではもっともパワフルなのです。でも、きれいな印象がありますし、香りの広がり方も縦にすーっと伸びてくる。細身です。香りにはエレガントな印象すら受けます。

口に含んでみましょう。これは辛口ですね。でも、通にしかわからない辛口ではなく、初心者でも楽しめる辛口だと思います。アルコールの甘味もあって、すっきりした印象です。雑味をほとんど感じない。味わいもシンプルです。主張してこない。落ち着いた印象のお酒に仕上がっています。

西日本エリアに入ってからのほうがパワフルになっていることはたしかです。でも、全体にトーンがおさえられているのがわかると思います。日本酒全体のなかで評価するなら、エレガントにすら感じられる。これがアル添酒の特徴なのです。

ここまで、基本法則に当てはまらない例外をふたつ見てきました。純米大吟醸タイプは香りが高いだけでなく、味わいも濃かった。生酛・山廃も同様に、香りが高いだけでなく、味わいも濃かった。

そこに第3の例外をつけ加えます。アル添酒では、香りも味わいも全体にひかえめになる。

この三つの例外だけ覚えておけば、大きく外すことはなくなります。

さて、座標軸でいうと、香りは㉓喜久酔に近いぐらいの低さ。味わいはこの４本でもっとも濃いぐらいの位置（２２２ページ）。

ワサビよりはカラシで飲みたい

九州でいうなら、博多名物の一口餃子なんかと合わせたら、永遠に食べ続けられます。九州ではタレにラー油でなく柚子胡椒を使いますが、あの辛味にも合う。お酒も辛口、料理も辛口というペアリングです。

とんこつラーメンに合わせてもいいし、豚の角煮でも脂をスパッと切ってくれます。カラシはたっぷりつけたい。カラシ蓮根なんかもいいと思います。喜久酔はワサビと合わせたくなりましたが、庭のうぐいすはカラシなのです。

トンカツやコロッケなど揚げ物でもＯＫ。サクサクとした食感に、シャープなアル添酒がよく合います。油もスパッと切ってくれるでしょう。ソースにカラシを添えて召し上がってください。

アル添酒がいかに食中酒としてオールマイティかわかると思います。もちろん、厳密にいえば、マッチ度に程度の差はあります。でも、アル添酒の場合、「これは絶対に合わない!」という料理がほとんどないのです。

トンカツやコロッケで生酛・山廃を飲むことは可能です。豚肉・牛肉の甘味や、ジャガイモの甘味とよく合うでしょう。ただ、衣のサクサクした食感は、生酛・山廃のテクスチャーとは逆になってしまう。そこで、卵とじにするとか、コロッケ蕎麦にするとか、ひと工夫する必要が出てくる。

アル添酒を選べば、そういう難しいことを考える必要がない。だから、アル添酒は究極の食中酒といえるのです。もちろん生酛・山廃でベストのペアリングをしたときのような、爆発的な相乗効果は期待できません。でも、つねに主役を料理に譲って、どんな相手とも寄り添うことができる。

テイスティングなのに飲み干してしまった

ここまで4本を飲み比べてきましたが、いかがでしょうか。「アル添酒のイメージが変わった！」となれば、こんなに嬉しいことはありません。

ここまで熱くアル添酒を語るソムリエも珍しいと思いますが、不当におとしめられているのは許せない。本当の魅力をお伝えしたかったのです。

お米をあまり磨かない本醸造タイプですらエレガントに感じられることに、驚いた読者も多いでしょう。お米をたくさん磨いた大吟醸タイプ・吟醸タイプとなれば、もっと飲みやすくなります。

カップ酒もそうですが、アル添酒も「なんだかおじさんが飲んでいそうな……」というイメージで見られがちです。でも、まったく逆で、これから日本酒に挑戦したい若者や、日本酒に苦手意識をもっている女性にこそ飲んでもらいたい。

上品な㉒喜久泉をキンキンに冷やして、シャンパーニュを飲むときのフルートグラスに注ぐ。フルートグラスは細いぶん香りは上がりにくいのですが、口のなかへ線状にお酒が入ってくるため、味わいをダイレクトに感じられる。日本酒が嫌いという女性に、黙ってこれを渡してほしい。きっと好きになるはずです。

乾杯のときに女性がもちあげたフルートグラスを見ると、にごりのないシルバーのお酒がキラキラと輝いています。こんな美しい光景があるでしょうか。

アル添酒は究極のお酒だと私は考えています。どんな料理にも寄り添ってくれますが、つまみなしでも楽しめる。純米大吟醸４本のテイスティングはけっこう飲み疲れするのですが、アル添酒４本ならまったく飽きません。ずっと飲んでいられる。

プロのテイスティングでは、口に含んでチェックしたあと、吐き出すのが基本です。前回も今回も基本通りにやってきました。ところが、この回だけは、無意識にすべて飲み干してしまった。編集チームへの講義が終わったあと、自分のグラスにお酒が残っていないことに気づき、苦笑してしまいました。「そりゃ、アル添酒は二日酔いするわな」と。

この章でご紹介した4銘柄は、どれも自信をもっておすすめできるものばかり。ぜひご自分で実感してください。

第　7　章

熟成酒

風味が刻々と変化する年代物の楽しみ方

ものすごく主張してくるお酒

さて、最後の章で取り上げるのは熟成酒という広義のタイプ。アル添酒と同様、いまはあまり人気がないものの、ぜひ見直してほしいジャンルです。

何をもって熟成酒と呼ぶのか、厳密な定義はありません。古くからこのジャンルに注目している長期熟成酒研究会では「3年以上、寝かせたもの」としていますが、だいたいそれぐらいの年数がイメージされていると思います。

何年か寝かせればいいわけですから、狭義の8タイプすべてが熟成酒になりえます。ただ、生酛・山廃のときと同様、熟成させたときに大きな効果が得られるのは、特別純米酒タイプや純米酒タイプでしょう。

熟成酒の特徴である琥珀(こはく)色や、ナッツのような香りは、アミノ酸と糖分が反応することで生み出されます（メイラード反応といいます）。アミノ酸はタンパク質が分解されたもの。独特の風味をもたせるにはタンパク質が不可欠なわけですから、お米の表面は磨きすぎないほうがいい。非吟醸系グループのほうが向いているのです。

かといって、アル添酒だと安定しすぎていて、寝かせてもあまり変化しない。こうなると、純米系グループで、なおかつ非吟醸系グループ、つまり特別純米酒タイプと純米酒タイプがもっとも適しているという結論になる。

実際、市販されている熟成酒の大半は特別純米酒と純米酒です。この章でも1本だけ純米吟醸タイプを選んだものの、残りは特別純米酒タイプと純米酒タイプです。

かなりマニアックな分野なので、前作でも熟成酒は取り上げませんでした。だから、ここまで前作と合わせて51本飲んだうち、座標軸の右上のエリアに入るものは1本もなかった。今回、初めて熟酒エリアにプロットすることになります。

熟酒というのは、香りが高く、味わいも濃いお酒。「香りが低く、味わいは淡い」爽酒とは、正反対の性格をもった存在といえます。前章で見たアル添酒の真逆で、「ものすごく主張してくる」お酒と表現してもいい。

そういう意味で初心者向きとはいいにくいものの、「日本酒にはこんな世界もあるんだなあ」と視野を広げるためにも、ぜひ試していただければと思います。

新しいものだけがおいしいのか?

熟成酒は店頭でもあまり見かけるものではありません。今回の4本も、日本唯一の熟成酒専門店「いにしえ酒店（東京都杉並区）」さんで購入しました。こういうお店でないと、選択に迷うほど品揃えしているところがない。

日本に住む私たちも、ワインやウイスキーでは年代物を普通に飲んでいます。町の中華屋さんに入ったって、5年物や10年物の紹興酒を普通に見かける。ところが、日本酒に関してだけは3年物すら酒屋で見かけることが少ない。生産量として、日本酒全体の0・01％すらないのは確実でしょう。

これは、「日本酒とはどういうものか」という文化の問題だと思います。日本人は初物や、採れたて、作りたてを好みます。フレッシュさを何より重視する。お酒についても、同じことなのだと思います。造りたてのボージョレヌーボーが世界でもっとも愛されているのも、そういう理由でしょう。

焼いて食べるのが当たり前だったサンマも、いまや刺身で食べるようになった。とにかく新鮮なものを、生で食べるのがベストとされる風潮がある。日本酒の世界でも生酒が人気を呼んでいます。

ただ、釣ったばかりの魚がもっともおいしいとは限りません。一晩寝かせるほうがおいしい場合もある。サンマだって、焼いたほうが好きという人も多いでしょう。個人的な好みでいえば、搾りたての生詰め酒より、ひと夏越したひやおろしのほうが、風味が落ち着いているぶん、はるかにおいしく感じられます。

最近は熟成肉がブームになっています。新鮮さだけを重視する価値観から一歩、抜け出しつつあるのかもしれません。物差しが「どれだけ新鮮か」ひとつではないほうが食文化は豊かになるので、この動きには期待しています。

50年物でも11万円にしかならない

日本酒造りの技術的進歩には著しいものがあります。やろうと思えば、現代の酒蔵は10年物の日本酒でも、20年物の日本酒でも造れるはずです。それをやるところが少ないのは、消費者ニーズがないからなのです。造っても売れなければ、1年以内に飲み切るお酒ばっかり造るしかない。

まあ、個性のあるお酒ですから、消費者としても、どういうシーンで飲んだらいいかとか、どういう料理を合わせたらいいかとか、イメージがわきにくい。熟成文化が根づいていない以上、敬遠されるのは仕方のない面もあります。

ただ、消費者ニーズがないと、値段も上がりません。熟成文化の根づいたワインの世界では、20年30年と寝かせることで数十万円の値がつくようになりますし、場合によっては数百万円になることだってある。ワインは「化ける」のです。30年間、気を配りながら保管を続けても、苦労が報われる。

一方、日本酒の場合、30年寝かせても数万円の世界です。すぐにはお金に変わらない商品を、倉庫代をかけて保管しても、なかなか報われない。

残念ながら今回はご紹介できなかったのですが、岐阜県に「達磨正宗(だるままさむね)」という熟成酒で有名な酒蔵があります。ビンテージ古酒もたくさん用意してくれている。ビンテージは貴重なため小瓶で売られることが多いのですが、4合瓶相当の量を買ったとして、30年物で2万円程度、50年物ですら11万円程度しかしません。半世紀も寝かせて、この値段です。

ただ、安いことは、消費者にとってはメリットでもあります。本書の「２０００円未満」という条件下でも、３〜４年寝かせた４合瓶が買える。若い熟成酒のほうが癖は弱いので、試してみるにはピッタリでしょう。

古くから熟成酒に取り組んでいる酒蔵だけでなく、最近は試験的に造る酒蔵も少しずつ増えています。日本酒の世界を豊かにするためにも、勇気あるチャレンジをぜひ応援してあげてください。「人気がない→造っても報われない」という悪循環を断ち切りたいのです。

熟成させる前のお酒はおいしくない

５年前に買って飲み忘れていた日本酒を発見したとしても、それは熟成酒とは呼べません。そのお酒は1年以内に飲み切ることを前提に設計されていますから、まず間違いなく風味は落ちているはずです。

５年物の熟成酒であれば、５年後に飲み頃がくるように設計されています。飲み頃から逆算して設計するので、造ったばかりのものは飲めたものではないでしょう。

例えばボルドーの銘醸で30年物のワインなんて、造ったばかりのときはただただ渋くて酸っぱいだけです。ちっともおいしくない。30年のあいだに渋味や酸味が落ち着いて、抜栓するときに最高の味になる。

日本酒の熟成酒も同じです。タンクのまま熟成させる酒蔵もあれば、瓶詰めしてから熟成させる酒蔵もある。どんな酒質のものを熟成させるかも、酒蔵によってさまざまです。でも、熟成させる前の状態で飲んでもおいしくないとはいえる。

長く寝かせるには酸度が高いほうが安心だし、風味を変化させるには糖度も高いほうがいい。メイラード反応のためにはタンパク質も不可欠です。つまり、熟成させる前のお酒は、かなり甘く、雑味も多く感じられるはずです。それが徐々に旨味やコクに変化していく。さらに色調を変え、スパイシーな香りも生み出していく。

あくまで個人的な印象でしかないのですが、西日本エリアのほうが熟成酒は多い気がします。ひょっとすると、もとになるお酒の雑味の多さや、熟成させるときの温度などが関係しているのかもしれません。

今回飲む4本のうち2本が無濾過原酒ですが、これもお米の成分がたくさん残っているもの、つまり変化する要素が多いものを寝かせているのだと思います。

1――東日本エリア「㉖良寛と㉗木戸泉」

ビギナーにも飲みやすい熟成酒

さて、テイスティングに入りましょう。まずは東日本エリアです。

Bエリアから新潟県の㉖「良寛　純米吟醸酒」を、Cエリアから千葉県の㉗「木戸泉　特別純米　DEEP　GREEN　2016　無濾過原酒」をチョイスしました。

良寛のほうは純米吟醸タイプです。熟成酒は純米酒・特別純米酒タイプばかりですから、純米吟醸タイプは非常に珍しい。お米をたくさん磨いたことが、熟成にどのような影響を与

えるのか、注目ポイントです。

良寛は製造が２０１８年なので2～3年物、木戸泉は製造が２０１６年なので4～5年物です。熟成酒のなかでは、まだ若い。東日本エリアという条件も加わり、熟成酒のなかでは色が淡いほうだと思います。

とはいえ、ここまで飲んできた25本と比べたら、色が濃いのがわかるはず。良寛は黄色味がかったシルバーです。木戸泉のほうが濃くて、しっかり黄色味がついている。もうゴールドに近い色です。

どちらも透明感があって輝きがあり、長く寝かせても劣化せず、非常にいい状態にあることが一目瞭然です。

㉖良寛の香りをかいでみましょう。純米吟醸タイプなので、フルーツの香りがします。少し熟したバナナのような香り。アンズっぽい香りもあります。とはいえ、熟成させていない純米吟醸と比べたら、かなり落ち着いた印象です。

白胡椒のようなスパイスの香りを感じます。白い食パンを焼いたときのようなトーストの香りもあります。お米の香りとしては、きなこ餅のような香りがほんのりする。お米の香りのボリュームとしては、もっとも熟した香りということです。熟成酒では、きなこ餅のような香りがすることが多いのです。

熟成酒に特有の香りがはっきり出ているわけですが、どうでしょう？　かなりきれいで、エレガントな香りだと思いませんか？

口に含んでみます。アタックがやさしい。まず酸味を感じます。そのあと、ほんのわずかに苦味を感じる。スパイスに由来するような苦味です。そして最後に甘味が少し上がってくる。味わいのほうも落ち着いた印象で、エレガントです。

熟成酒といいながら、あまり癖がないので、意外な感じをもたれた読者が多いかもしれません。熟成酒といっても、さまざまなのです。西日本エリアで造られた山廃だと、熟成させていなくても、これより雑味を感じるものがたくさんあります。

熟成酒のなかでは複雑味がないほうなので、ビギナーにも飲みやすい銘柄といえます。熟成時間が短いということもありますが、もっともエレガントなBエリアで造った、エレガントな吟醸系グループのお酒という要因が大きいでしょう。

紹興酒をイメージして料理を選ぶ

座標軸です。2冊目のラストにして、ついに熟酒にプロットされるお酒が出てきました。香りは高く、味わいも濃いお酒です。とはいえ、良寛の香り高さは中の上ぐらい。味わいはかなり淡いほうなので、縦軸に近いあたりに置きましょう。

このお酒は常温でも楽しめますが、純米吟醸らしいエレガントさを楽しみたいなら、少し冷やしてもいいと思います。引き締まった印象になる。

良寛は熟成香がひかえめですが、白胡椒のような香りがありました。熟成酒にはだいたいナッツのような香りがあります。だから、スパイスをきかせた料理や、ナッツ類を使った料理との相性がいい。

私が声を大にしていいたいのは、「熟成酒には絶対に中華料理だ！」。アル添酒は毎日飲めるお酒ですし、個性が弱いぶん、どんな料理にも合った。熟成酒というのは毎日飲むお酒ではありませんし、個性が強いので、料理を選ぶのです。

中華料理ではスパイスを多用しますし、ナッツ類を上手に利用する。熟成酒と合わないは

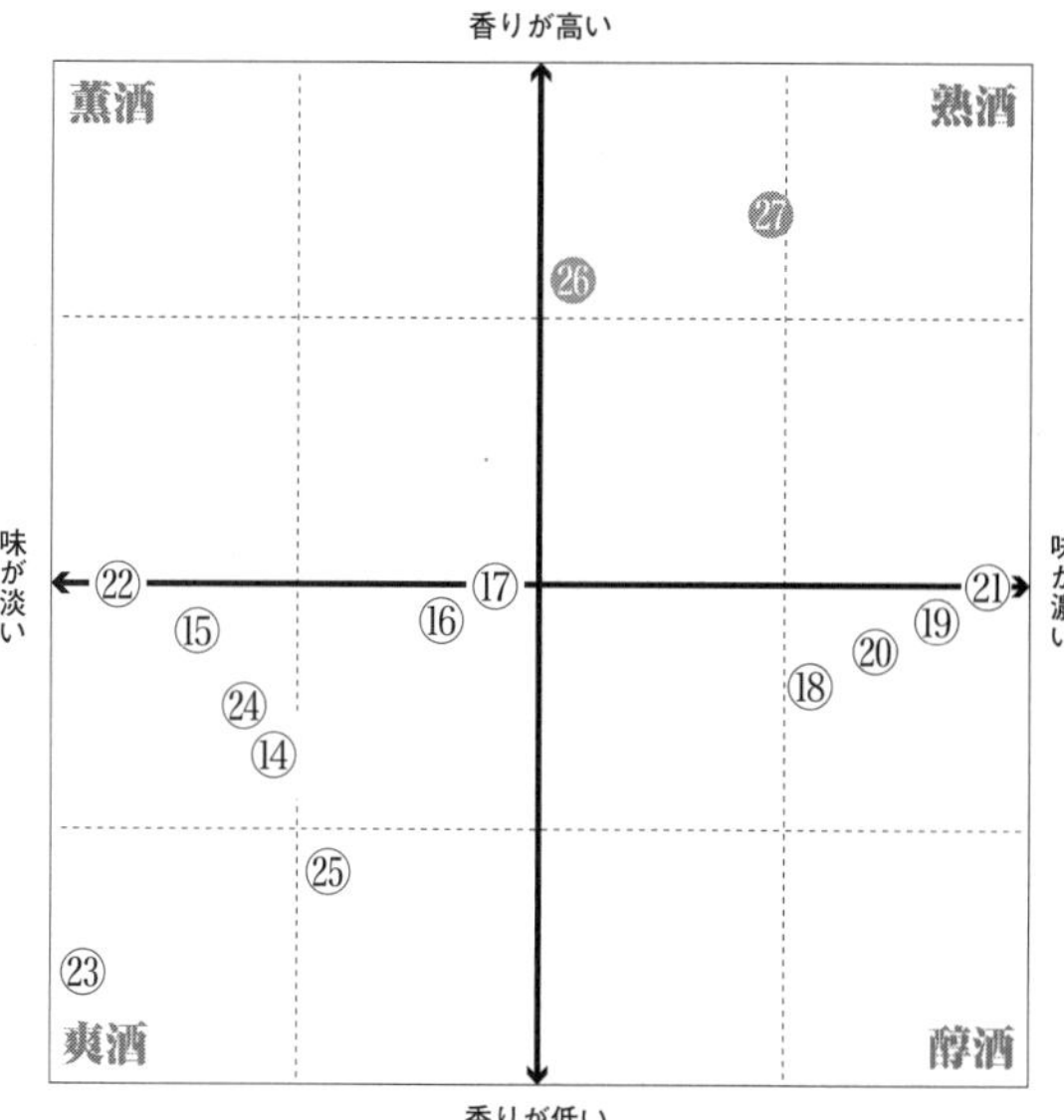

ずがありません。

良寛のようにライトな熟成酒であれば、鶏肉とカシューナッツ炒めなんてどうでしょう。お肉でも白身の鶏肉を選ぶ。ナッツの風味がすごく合います。ピーマンやパプリカを入れれば、その苦味と、お酒の苦味がマッチする。

日本人がもっとも飲み慣れた熟成酒といえば紹興酒。紹興酒を飲むときのイメージで、料理を選べばいいわけです。紹興酒を飲むシチュエーションって、だいたい中華料理を食べていますよね？

紹興の町では、茹でただけのピーナッツをつまみに、紹興酒を飲むそうです。そんなシンプルなつまみもいいですね。揚げただけのピーナッツでもいい。味つけは塩で十分。「ワサビで日本酒」くらいの格好良さがあると思います。

黒胡椒のニュアンスが感じられる

東日本エリアの2本目にいきます。㉗木戸泉の香りをかいでみましょう。おとなしかった良寛と比べ、明らかに熟成香が入ってきました。

カラメルっぽい香りが上がってきますが、これがメイラード反応で生まれた熟成香です。香ばしいビスケットのような香りもあります。ナッツといっても、クルミやアーモンドのようなニュアンスです。

スパイスの香りもありますね。㉖良寛のときは白胡椒でしたが、こちらは黒胡椒のような香りです。

良寛に比べると、熟成香はかなり強い。特別純米酒タイプということもありますが、無濾過原酒という要因もあります。とはいえ、やっぱり落ち着いた印象です。生酒のように暴れ回ってはいない。

口に含んでみます。テクスチャーがしっかり感じられます。とろりとしたコクがある。最初に苦味が上がってきて、そのあと酸味がついてくる。最後にやさしい甘味を感じます。酸味はしっかりあるのですが、苦味があり、後半は甘味をしっかり感じるので、良寛ほど酸味を強く感じません。すごくバランスがいい。

これもビギナー向きだと思います。熟成酒なのにエレガント。良寛と飲み比べたらパワフルに感じられますが、熟成酒全体で考えればエレガントでしょう。

3年物はともかく、5年物の熟成酒を2000円未満で見つけるのは難しい。木戸泉はかなり珍しい例だといえます。

座標軸は、香りは良寛より高く、味わいは濃いところへ置きましょう（243ページ）。

料理は北京ダックです。甜麺醤のソースの甘味、ネギの辛味がお酒の風味と合う。キュウリのみずみずしさは、お酒にほんのり感じるミネラル感とマッチする。お酒はとろりとしていて、ダックの皮やキュウリはパリパリ。相反するテクスチャーの組み合わせとしても面白いと思います。

苦味に合わせるとしたら、ホウレンソウのナムルなんてどうでしょう。ホウレンソウやケールといった野菜の苦味を合わせていく。

サザエのつぼ焼きなんかもいいですね。貝類は旨味も苦味も強いのですが、このお酒なら負けない。アサリの佃煮もいいでしょう。

解説しているあいだに温度が上がって、高級なプーアル茶のような香りが出てきました。こういう変化があるのも、熟成酒の醍醐味です。これまで瓶のなかに閉じ込められていたものが、空気に触れることで一気に開花する。

ここまで飲んできた25本には、ここまで大きな変化はありませんでした。生酛・山廃でかなり変化を感じたとはいえ、ここまで極端ではなかった。ワインでいう「閉じていた香りが開いてくる」という感覚を実感できるのが、熟成酒の楽しみでもあるのです。

ただ、そのぶん酸化が速いので、早めに飲み切るようにしましょう。酒質が短時間で変わってしまうからです。この点でも、アル添酒の真逆だといえます。

2――西日本エリア「㉘長良川と㉙龍勢」

無濾過だから色調も濃くなる

西日本エリアに入ります。

Dエリアからは、岐阜県の㉘「長良川　生酛仕込み　無濾過生原酒」を、Eエリアからは、広島県の㉙「龍勢（りゅうせい）　生酛　備前雄町」をチョイスしました。

長良川は純米酒タイプ、龍勢は特別純米酒タイプ。東日本エリアと違い、ともにお米をあまり磨かない非吟醸系グループのお酒です。岐阜県も広島県も熟成酒をたくさん造っている

地域です。

どちらも生酛造りですね。これはたまたまですが、時間がお米の風味を変化させるのを楽しむという意味では、納得できます。お米の風味がもっとも感じられるお酒が、生酛・山廃だからです。熟成させるのに向いている。

長良川は製造が2016年なので4~5年物、龍勢は製造が2018年なので2~3年物です。

色調を見てみます。長良川は㉗木戸泉と比べても、かなり黄色味が増しています。はっきりしたゴールドになった。西日本エリアに入ってきた実感があります。

さらに南へ進んだ龍勢はもっと黄色味が濃くなるかと思いきや、長良川よりかなり薄い。東日本エリアの木戸泉より薄い感じです。長良川や木戸泉は無濾過なのに対し、龍勢は濾過したものを熟成させていますから、その影響だと思います。長良川や木戸泉より熟成期間が短いことの影響もあるでしょう。

一般論としていうなら、エリアは南に進むほど、タイプはお米を磨かないほど、熟成期間は長くなるほど、色調は濃くなっていく。今回は濾過するかしないかが攪乱要因になったわけですが、たまたま木戸泉と長良川が無濾過だっただけで、熟成酒に無濾過のものが多い印象はありません。

さきほどの木戸泉は無濾過原酒でしたが、長良川は無濾過生原酒。火入れをしないで長期保存するのは難しいので、熟成酒で生酒は珍しいと思います。アルコール度数が18～19度と極端に高いのは、そこを補うためなのでしょう。

長良川には少し澱（おり）がありますね。無濾過ですから、こうした澱が残って、少しにごったような印象になります。

それにしても、生酛造りをやったうえに、管理の大変な生酒で長期熟成させる。どれだけ手間をかけたお酒なのでしょう。それが２０００円未満で買えるなんて感激です。ボトルもお洒落です。こんな部分まで手を抜かないことに頭が下がります。

栗の渋皮や、タバコの葉のような香りも

㉘長良川の香りをかいでみましょう。「おお、これぞ熟成酒！」という感じです。熟成香がこれまでになく出ています。

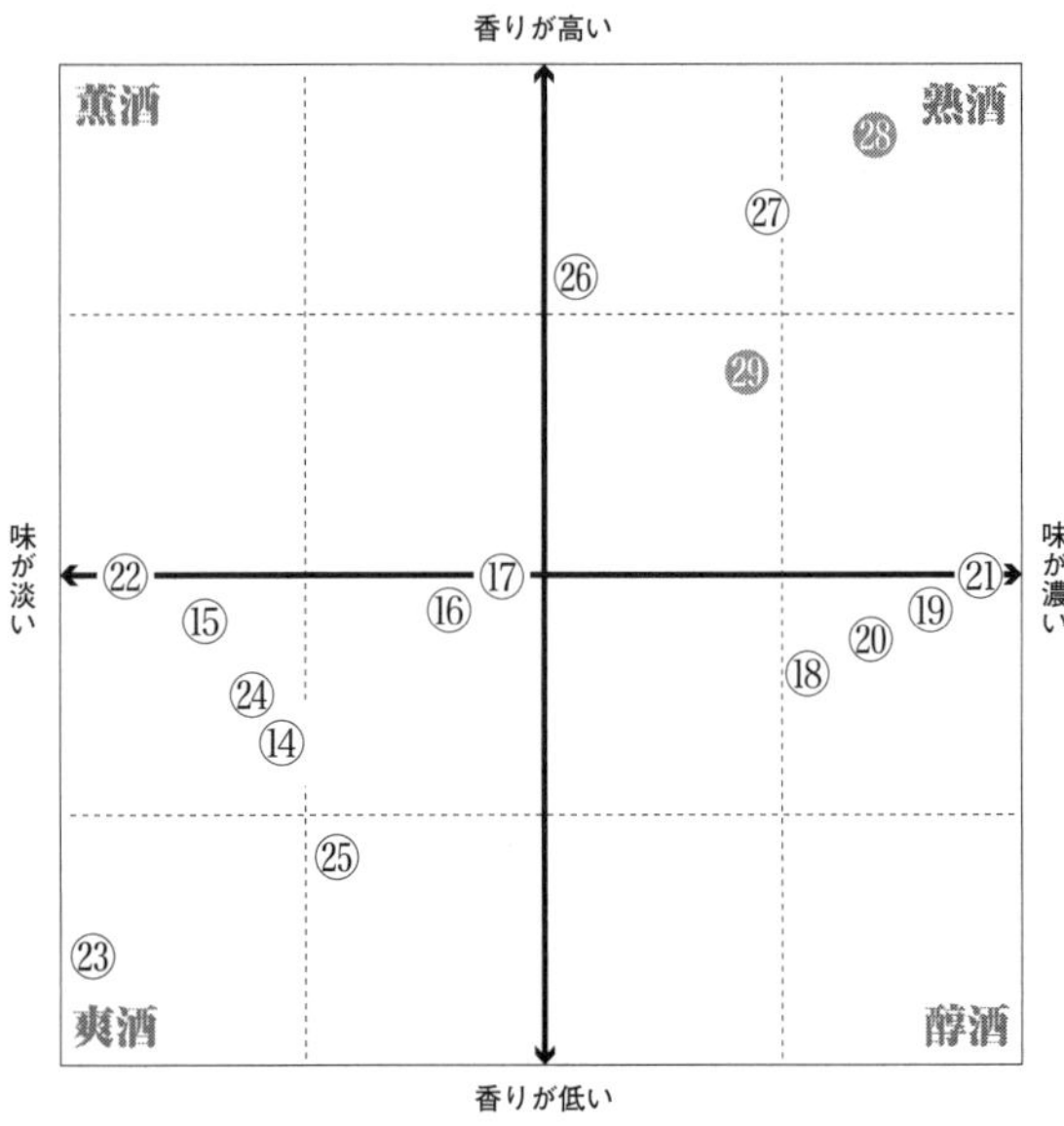

カラメルっぽい香りをまず感じます。コーヒーのような香りもありますね。ナッツ類では、ローストしたナッツ。焦がした醤油のような香りもある。栗の渋皮の香りや、タバコの葉っぽい香りもあると思います。スパイスとしては、ナツメグやクローブのような香り。ここまで飲んだ28本のなかで、もっとも香りに複雑味がある。

香りは非常に強い。でも、すごくいい香りです。お米の香りは感じません。黙ってこれを出されたら、みんな紹興酒と勘違いするのではないでしょうか。それぐらい複雑味がある。日本酒の一般的なイメージにはないものです。

口に含んでみます。アタックが強い。それでいて、酸味と甘味と苦味のバランスがすごくいい。口当たりに丸みがあります。後半からはスパイスのニュアンスをすごく感じるようになる。味わいもボリューム感があってパワフルです。

テクスチャーもしっかりあります。ワイングラスをスワリングすると、いわゆる「足」がしっかり残る。グラスの淵にお酒がとろりと残るのです。アルコール度数が高いお酒では、こういう現象が起こります。

座標軸では、いままでの2本よりさらに香りが高く、味わいが濃いところへプロットしましょう。

内臓系の料理にも負けない力強さ

長良川は「これぞ熟成酒！」といった印象なので、ビギナーにはこの風味が苦手な人がいるかもしれません。そんな方は、ぜひ中華料理と一緒に飲んでください。熟成酒のおいしさに気づくはずです。

長良川はすごくパワフルなので、牛肉のオイスター炒めぐらい濃い中華でも負けません。刻みネギをたっぷりのせたモツ煮込みも合うし、レバニラ炒めも合います。内臓系の料理と相性がいい日本酒なんて、なかなかありません。

イタリア料理のトリッパもいいと思います。ただ、トマトの旨味と、このお酒の旨味を合わせるには、スパイスを少しきつめにしたほうがいい。バゲットはいつもの時間より長めにトーストして、焦げ目を作ってやれば苦味が生まれる。そんなバゲットを添えれば、お酒の風味により近づきます。

これは熟成酒文化のある外国人に喜ばれるお酒かもしれません。紹興酒に馴染んだ中国人は大好きでしょうし、ウイスキーに通じる熟成香があるので、イギリス人も好きかもしれない。こんなお酒をスコットランドのパブで飲んだら、お洒落ですよね。

スコットランドにはハギスという伝統料理があります。羊の内臓をミンチにして、羊の胃袋につめて、茹でたもの。スコッチウイスキーの最高の相棒です。そんな相手とも、長良川ならがっぷり四つに組めます。

癖のある羊の内臓が合うぐらいですから、もちろんジビエもいける。⑫天吹では、ジビエといっても癖のないウズラをおすすめしました。熟成酒の長良川は、もっと濃厚な鴨鍋はどうでしょう。イノシシのような赤身肉でも負けません。

山田錦や雄町は熟成酒に向いている

さあ、最後の1本です。西日本エリアの2本目、㉙龍勢にいきましょう。

香りをかいでみます。フルーツのような吟醸香があります。食べ頃ぐらいに熟したリンゴっぽい香り。使用米の雄町は、吟醸香が上がってきやすいタイプの酒米ではなく、むしろお米の香りが上がってくるタイプなので、意外な感じです。

龍勢は特別純米酒タイプですが、精米歩合は65％と高くない。特別純米酒を名乗る条件は「精米歩合60％以下か、特別な製法で造ったもの」なので、これは特別な製法を採用したのでしょう。でも、ラベルでわかるのはそこまでで、どんな製法なのかはわかりません。吟醸香はそこに関係しているのかもしれません。

熟成香も感じます。白い食パンをトーストしたような香りですね。ビスケットのような香りもあります。でも、やさしい熟成香です。まだまだ若いからでしょう。あと2年も寝かせたら、より熟成香が出てくるはずです。

お米の香りも感じますが、おこげのような香りです。お米の香りのなかでは熟したニュアンスがある。

口に含んでみます。アタックはそこそこ強い。パワフルです。でも、生酛ならではの乳酸が心地いい。中盤から後半にかけて、お米のふくよかな旨味をしっかり感じられます。力強さはあるけれど、飲みやすいお酒だと思います。

㉗木戸泉は山田錦を使っていましたが、この龍勢は雄町を使っています。前作で解説しましたが、山田錦や雄町はパワフルな酒米。熟成させるほど力を発揮してくれる印象をもっています（造り手ではないので断言はしませんが）。

エレガントな酒米である五百万石や出羽燦々を熟成させると、ウリだった香り高さが時間とともに消えていく。アドバンテージが薄れていくのです。それを考えれば、熟成酒にはパワフルで複雑味のある酒米のほうが向いているはずです。

さて、座標軸。この4本のなかでは、香りはもっとも低い。味わいの濃さでは、木戸泉より少し淡いレベルでしょうか（250ページ）。

タレまで焦げた焼き鳥と合わせる

このお酒に合わせる中華は、ホタテのバター炒めです。生酛造りの乳酸に、バターの風味が寄り添ってくれます。ホタテは焦げ目がつくぐらい、しっかりローストしてください。そうすることで、熟成酒ならではのロースト香とマッチする。

中華風のおこげ料理にも合いますね。お酒に感じた、おこげのようなお米の香りと合わせるわけです。上から海鮮たっぷりのあんをかけますが、青菜なんかも入っていれば、ほのかな苦味も加わってベターです。

ワイン用語で「グリーンノート」というのですが、青葉を思わせる香りや味わいが、このお酒にはある。だから、料理にも緑食材の青菜を入れることで、そのグリーンの印象がより明確に感じられるようになるわけです。

炭火で焼いた焼き鳥も相性バッチリです。肉も焦げて、タレも焦げる。その風味が熟成酒のロースト感とすごくマッチします。ぜひ塩ではなくタレで食べてください。

焦げたタレからの連想でいくと、ウナギやアナゴのかば焼きも最高でしょう。味噌も合うと思うので、八丁味噌仕立てのカキ鍋もいい。シンプルになめこ汁でもいいと思います。焼きおにぎりでこのお酒を飲むなら、醤油か味噌を表面に塗って、焦がしてください。ポイントは焦げなのです。

解説しているうちに、龍勢の香りも変化してきましたね。熟成感が増してきたし、醤油っぽい香りも入ってきた。長良川のほうも変わりました。土っぽいニュアンスが出てきた。ここまで大きな変化は、ほかのお酒では見られません。変化を楽しむことも、熟成酒の大きな魅力なのです。

龍勢はお燗にしてもいいかもしれません。とはいえ、熟成酒は常温で飲むのが基本なので、ぬる燗ぐらいがいいでしょう。あまり温度を上げてしまうと、熟成酒の良さが飛んでしまうからです。㉗木戸泉や㉘長良川ぐらいパワフルなものは、さらに温度が低い人肌燗のほうがキャラクターを生かせると思います。

温度が上がれば、熟成香も増します。だから、この香りが苦手だというビギナーは、15～16度ぐらいまで冷たくして飲むといいでしょう。常温よりほんの少し冷たい、涼冷えぐらいの温度帯です。

全55本をプロットしてみた

熟成酒についても、エリアは南に行くほどパワフルに、タイプはお米を磨かないほどパワフルに、という法則は当てはまります。

今回のテイスティングで、㉘長良川のほうが㉙龍勢よりも右上、つまり香りが高く、味わいも濃い側にプロットされましたが、これは例外です。

龍勢がまだ若く、意外とおとなしい酒質であったこと。逆に長良川が無濾過で、なおかつ生原酒という強烈な個性をもっていた影響のほうが大きい。実際、無濾過原酒の㉗木戸泉も、東日本エリアのお酒でありながら、長良川と同じぐらい香り高く、味わいが濃いところにプロットされています。

さて、前作でテイスティングした26本と、今回の29本を、ひとつの座標軸に合わせてみましょう（次ページの見開き）。

右ページの座標軸はエリア別です（○が東日本エリアのお酒、●が西日本エリアのお酒）。

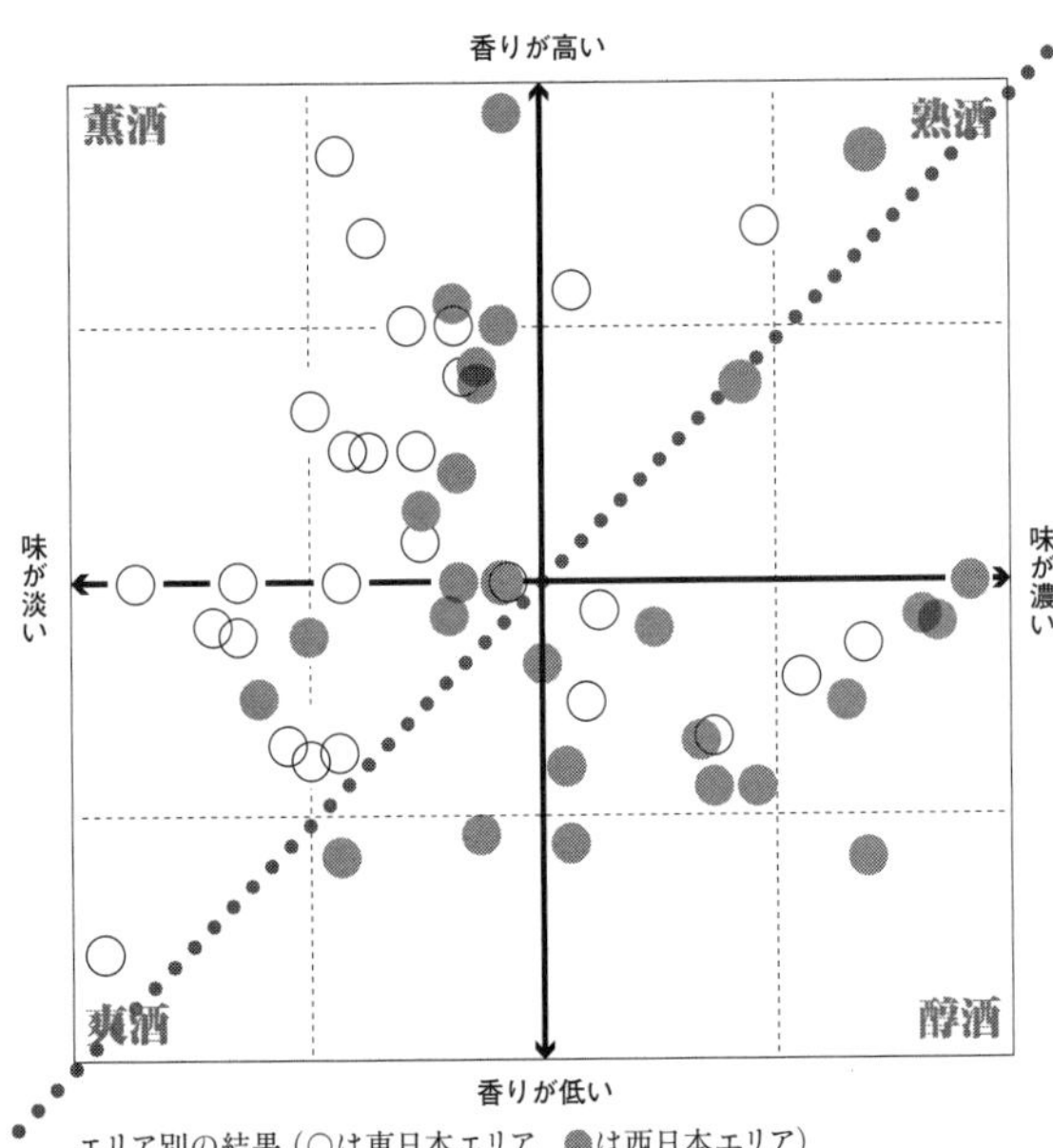

エリア別の結果（○は東日本エリア、●は西日本エリア）

何か傾向は見えるでしょうか？

東日本エリアのお酒は左上、つまり「香りは高く、味わいは淡い」側に、西日本エリアのお酒は右下、つまり「香りは低く、味わいは濃い」側に偏っているように見えませんか？

エレガントかパワフルかというのは相対評価なので、こういう評価には馴染まない表現です。とはいえ、「香りは高く、味わいは淡い」薫酒はエレガントなお酒の代表、「香りは低く、味わいは濃い」醇酒はパワフルなお酒

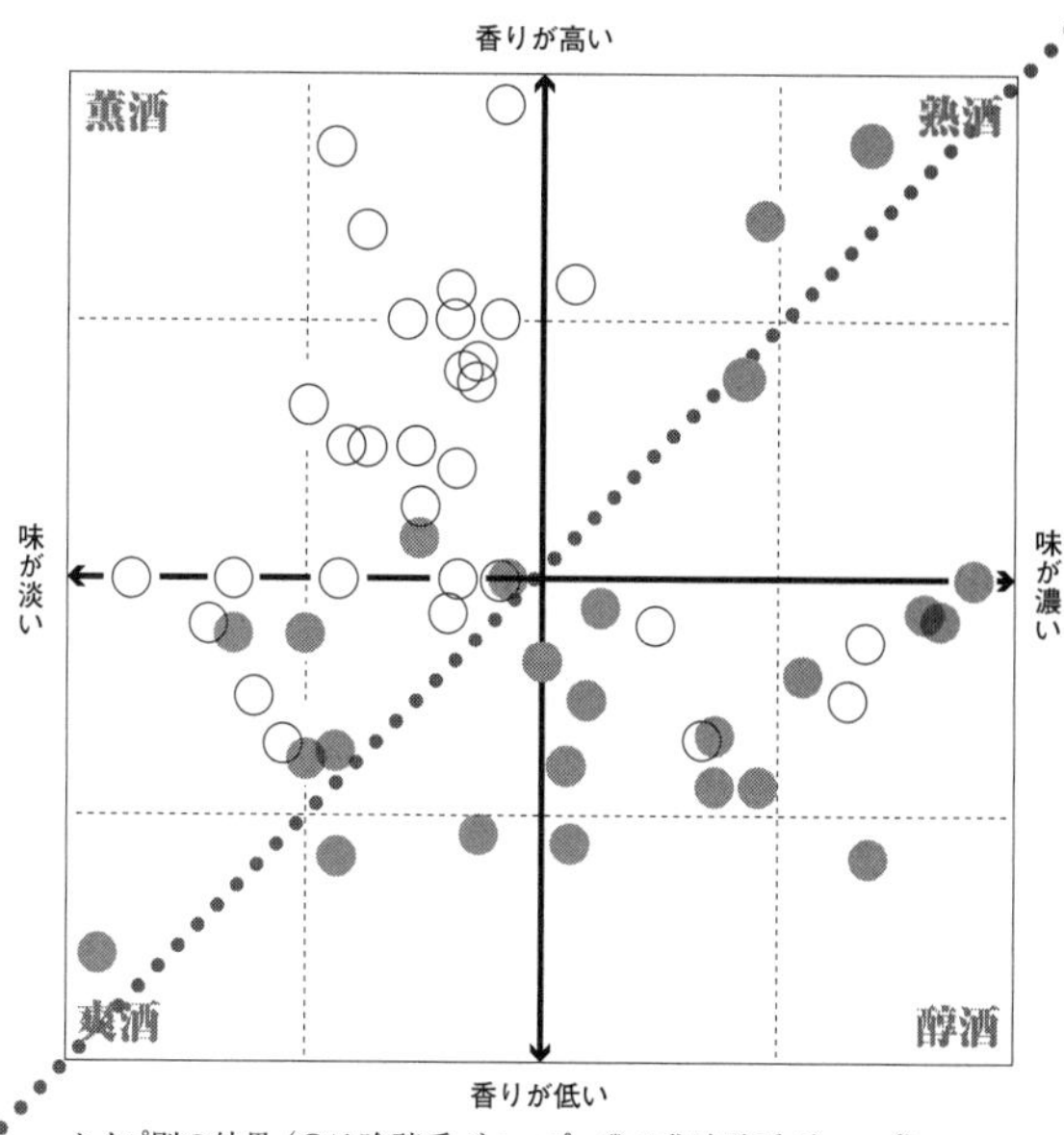

タイプ別の結果（○は吟醸系グループ、●は非吟醸系グループ）

の代表と考えていいでしょう。その薫酒は東日本エリアのお酒が、醇酒は西日本エリアのお酒が過半を占めています。

上のタイプ別の座標軸を見ると、傾向はより顕著です（○がお米をたくさん磨いた吟醸系グループのお酒、●がお米をあまり磨かない非吟醸系グループのお酒）。

薫酒には、ほぼ吟醸系グループのお酒しかありません。醇酒のほうも、非吟醸系グループが大半を占めています。「お米を磨くほどエレガントになり、磨かないほどパワフルになる」ことが一目瞭然ですね。
特に、非吟醸系グループの大半が横軸より下、つまり「香りが低い」側に集中している点と、吟醸系グループの大半が縦軸より左、つまり「味わいが淡い」側に集中している点が印象的です。ここは明確に見えました。

知識はザックリなほうがいい

もう少し劇的なフィナーレを期待した方には物足りないかもしれませんが、この程度のザックリさでいいのです。例外は必ずあるので、そこまで厳密に考えても仕方がない。大まかな傾向さえ知っていれば、1本を選ぶとき必ず役に立ちます。そして、数を飲んでいけば、いつか自分好みの1本に出会える。

横浜中華街に行くと、たくさんお店がありすぎて、途方に暮れますよね。でも、四川料理の看板を掲げていたら「隣の広東料理よりも辛いんだろうな」と予想がつくし、麻婆豆腐が看板メニューなのだろうとも予想がつく。出てきた麻婆豆腐が真っ赤なら「よその店より辛いんだろうな」と予想できるし、花椒の香りを強く感じるなら「いつも食べているのより舌がしびれそうだな」と予想できる。他店よりひき肉が多いようなら「旨味が強そうだな」と予想できる。

でも、そこまでなのです。その麻婆豆腐が実際にどんな味なのかは、食べてみないかぎりわからない。あなた好みの味かどうか、決められるのはあなたしかいません。

私にできるのは、ザックリした地図をお渡しするところまで。そこから先は、あなた自身で判断してください。とにかく飲んでみる。実体験を重ねることで、予想の精度はどんどん上がっていくはずです。

今回はカップ酒やアル添酒、熟成酒など、偏見をもたれがちなお酒も紹介しました。あえて特定名称をつけない酒蔵が増えている話もしました。ときに知識が邪魔をすることもあるのです。だから、飲んでみてください。ザックリと予想して1本を選んだあとは、「考えるな！感じよ！」なのですね。

みなさまの日本酒ライフがみのり多いものになることを祈っています。

企画・構成　丸本忠之
写真　多々良栄里

北原康行 きたはら・やすゆき

1979年東京都生まれ。都内のフレンチレストランにてソムリエを務めたあと、2008年にコンラッド東京へ入社。2012年アシスタント・ヘッドソムリエ就任。同年には唎酒師の資格を取得。2014年シャンパーニュ騎士団へ叙任。2014年9月第4回世界唎酒師コンクール優勝。2016年ヘッドソムリエを経て、2020年にシニアアウトレットマネージャー就任。同年、中伊豆ワイナリーアンバサダー就任。著書に『日本酒テイスティング』がある。

日経プレミアシリーズ｜466

日本酒テイスティング カップ酒の逆襲編

二〇二一年九月八日　一刷

著者　北原康行
発行者　白石　賢
発行　日経ＢＰ
日本経済新聞出版本部
発売　日経ＢＰマーケティング
〒一〇五―八三〇八
東京都港区虎ノ門四―三―一二
装幀　ベターデイズ
印刷・製本　凸版印刷株式会社

ISBN 978-4-532-26466-6

日経プレミアシリーズ 299

日本酒テイスティング

北原康行

日本酒選びで、「風味の違いはなんだろう」と迷った経験はありませんか。でも本書を読めば大丈夫。エリア（どこで醸されたか）とタイプ（どんな種類か）だけ見ればいいのです。唎き酒世界一に輝いたソムリエが、厳選26銘柄をテイスティング。そのコメントを読むだけで、誰でも味をイメージできるようになる、革命的な日本酒入門書が誕生しました。

日経プレミアシリーズ 271

男と女のワイン術

伊藤博之・柴田さなえ

スーパーで赤を買うなら断然、ボルドーのメルロー。白なら生産年の若いものがいい――ワインを知り尽くすソムリエ兼店主とフードライターが、家飲みワインのお勧め品から、飲食店でのオーダーの仕方、料理との合わせ方、ラベル買いで失敗しないヒントまで語り尽くす、何より実用的なワイン選びのための1冊。

日経プレミアシリーズ 296

男と女のワイン術　2杯め

グッとくる家飲み編

伊藤博之・柴田さなえ

なぜスーパーで好みのワインを選べないのか――各地のスーパーを独自調査、棚の傾向から基本ワイン17種を選び、味わいや飲み方を紹介。フランス・ブルゴーニュから、チリワイン、選び方が難しいイタリアやスペインまで。この1冊で、料理や気分に合わせた飲み分けができる！　家飲み派の必携書。